JN081384

ChatGPTで学ぶ JavaScript&アプリ開発

Tuyano SYODA
掌田津耶乃

秀和システム

サンプルのダウンロードについて

サンプルファイルは秀和システムのWebページからダウンロードできます。

●サンプル・ダウンロードページURL

http://www.shuwasystem.co.jp/support/7980html/7268.html

ページにアクセスしたらサポートページに移動し、下記のダウンロードボタンをクリックしてください。ダウンロードが始まります。

ダウンロード

●注　意

1. 本書は著者が独自に調査した結果を出版したものです。
2. 本書は内容において万全を期して制作しましたが、万一不備な点や誤り、記載漏れなどお気づきの点がございましたら、出版元まで書面にてご連絡ください。
3. 本書の内容の運用による結果の影響につきましては、上記2項にかかわらず責任を負いかねます。あらかじめご了承ください。
4. 本書の全部または一部について、出版元から文書による許諾を得ずに複製することは禁じられています。

はじめに

プログラミングを学ぶなら、ChatGPTで！

プログラミングは、今や必修科目の一つです。義務教育の頃から学び始め、社会に出るまでに何とか一人前のプログラミング技術を身につけておく。それが当たり前の時代となりつつあります。

ここで、冷や汗タラ～……な状況に陥るのが、既に社会人となっている人々でしょう。数年後には、プログラミングを国語算数理科社会英語と同じように学んだ新人たちが毎年入社してくるのです。今更、「いや、オレの時代はプログラミングなかったし」では済まされません。

彼らがやってくるまでに、何とかプログラミングの基本ぐらいは身につけておきたい。そう思っている人は大勢いるはずですね。そうした需要を当て込んでか、プログラミング教室やオンラインのプログラミングセミナーは右肩上がりで成長しています。

でも、ちょっと待って下さい。そんなものを利用しなくても、今なら一人でこっそりプログラミングを身につけることができるはずじゃありませんか？そのために、とっても便利なものが登場しているじゃありませんか。それは、「AI」ですよ。

今やコンピューターは「AIが使えるのが当たり前」になっています。これは、ほんの１～２年前までには想像つかない世界でしょう。AIは様々なことに答えてくれますが、中でも最も得意なのが「プログラミング」なのです。これからプログラミングを学ぼうというなら、こいつを使わない手はありません。

本書は、AIと協力しながら、Webの基本（HTML、CSS、JavaScript）について学んでいきます。そして、全部で10個のWebアプリを作りながら、プログラム作成の技術を身につけていきます。

Webは、今やプログラムの基本となっています。PCやスマホのアプリも、今ではWebの技術で作られるようになっているのです。本書とAIで、Webプログラミングをしっかりと身につけましょう。Webさえきっちりと抑えておけば、数年後、プログラミングネイティブな新人がやってきても恐れることはありませんよ。

2024.07　掌田津耶乃

目 次

Chapter 1

Webアプリの基本を知ろう

Webアプリは、HTML、CSS、JavaScriptといった技術を組み合わせて作ります。まずは基本であるHTMLとCSSの使い方を覚え、簡単なWebページを表示できるようになりましょう。また、開発に役立つツール「Visual Studio Code」の使い方も覚えておきましょう。

1-1 Section Webアプリ作成とAI

Webの開発は難しい！

「自分で何かのプログラムを作って公開したい」と思ったとき、どんな選択肢があるでしょうか。パソコンのアプリ、スマートフォンのアプリといったものを選択する人もいるでしょうが、おそらく大半の人が選ぶのは「Webアプリ」でしょう。

「Webアプリ」というとなんだか難しそうですが、これは「Webサイト」のことだと考えてください。Webサイトは、Webページを作ってコンテンツを表示します。が、ただコンテンツを表示するだけでなく、Webページ内でアプリのように高度な処理を行うものを「Webアプリ」と一般に呼んでいるのです。たとえばGoogleマップやGmailなどを思い浮かべると良いでしょう。

普通のWebサイトもWebアプリも、Webページを作って動かすという点は同じです。このWebページは、だいたい3つの技術を使って作成されます。

HTML	ページ記述言語と呼ばれるものです。Webページとして表示するコンテンツの構造を記述するためのものです。
CSS	一般に「スタイルシート」と呼ばれるものですね。Webページに表示する要素のスタイルを設定するためのものです。
JavaScript	Webページで動く唯一のプログラミング言語です。さまざまな計算をしたり、Webページの表示を操作したりするのに使います。

Webページを作るということは、この3つの技術を理解し、うまく組み合わせて思い通りの表示を作成していくということになります。実は、意外に難しいんです、Webページを作るというのは。

Webアプリは更に難しい！

これが、ごく普通のWebページなら、まぁマウスでページをデザインするツールなどもありますから何とかなるかも知れません。しかし、Webアプリとなるとそうはいきません。

Webアプリ(Webページで、さまざまな処理を実行するプログラムが動くようなもの)は、ただWebページを作るだけでなく、その中で実行されるプログラムも作成しないといけません。つまり、プログラミングができないといけないのです。「Webページの中で動くんだから、たいして難しくないでしょ?」なんて考えてはいけません。JavaScriptというプログラミング言語は、確かに初心者にやさしい言語ですが、しかし高度なアプリの開発も可能な本格言語です。本格的に覚えようと思ったらかなり大変でしょう。

では、これからWebアプリ作成の学習を始めようと思ったなら、どうすればいいのでしょうか。JavaScriptの入門書を買って独習してもいいですし、Webの学習サイトなどで学ぶ方法もあります。が、これらは要するに「用意されたコンテンツを自分で読んで、自分で理解していく」というやり方です。

説明を読んで、わからなかったら? その場合どうしたらいいかは書いてありません。こうしたコンテンツは「読めばわかる」という前提で書いてあるんですから。「読んだけどわからなかった」という人のことまでは対応しきれないでしょう。

多くのプログラミング初学者は、こうして「読んだけどわからなかった、そこから先に進めなかった」という罠にハマることが多いものです。Q&Aサイトなどで質問しても思ったような回答が得られるとは限らないし、周りに教えてくれる人もいない。そんなとき、どうすればいいのでしょうか。

1年前だったら、「わかるまで頑張るか、諦めるか」の二択だったでしょう。しかし、今は別の道があります。それは、「わかるまで懇切丁寧に教えてもらう」という方法です。「えっ、一体誰がそんなことをしてくれるの?」と思った人。いるでしょう、どんなに繰り返し質問しても嫌な顔ひとつ見せず答えてくれる相手が。

そう、「生成AI」です!

生成AIとプログラミング学習

生成AIは、質問すればさまざまなことに答えてくれます。もちろん、万能なわけではありません。中には苦手な分野や得意な分野もあります。苦手なのは、最新情勢に関するものでしょう。AIは、新しいことをリアルタイムに学ぶのが苦手です。

では、得意なことは? これはいろいろありますが、中でももっとも得意な分野が、実は「プログラミング」なのです。

AIは、プログラミングに関する膨大な知識を学習しており、かなり高度なプログラムまで作成することができます。プログラミング初心者が作成するようなプログラムであれば、ほぼ間違いなく生成することができるでしょう。

また、プログラミングで登場するさまざまな専門用語や考え方などにも詳しく、丁寧に説明してくれます。なにより、わからなければ何度でもわかるまで聞くことができるのです。何かを学習するとき、これほど頼りになる相手はいないでしょう。

AIだけでは難しい！

では、AIを利用して、どのように学習をしていけば良いのでしょうか。ここが、肝心です。実をいえば、現在のAIでは、すべてお任せでプログラミングを学習するのはかなり難しいのです。「さっき、得意だっていったのに？」と思った人。そうなんです、教えるのは得意ですが、同時に「一からちゃんと教えるのは難しい」のですよ。

AIは、「これについて教えて」とピンポイントでターゲットを絞って質問すれば、どんなことでもたいていは教えてくれます。けれど、「プログラミングを最初から全部教えて」というように「すべておまかせ」な質問では、思ったような説明はしてくれません。

プログラミングの学習は、ただ個々の機能を説明してもらうだけでなく、以下のようなことまで考えて説明をしないといけません。

- **プログラミング言語にはどんな文法があるのか。**
- **どんな機能があって何ができるのか。**
- **何をどのような順で学んでいくのが良いか。**

こうしたことからきちんと考えて、「こういう順番に学んでいけば効率的にわかりやすく理解できるだろう」という学習の進め方を決め、その上で順に学んで行く必要があります。が、今のところ、AIがそこまで考えてプログラミングを教えるのはちょっと難しいでしょう。

どうやって学んでいくの？

では、どうすればいいのか。それは「人間との協働」です。AIが得意なところはAIに任せる。不得意な部分は人間が担当する。そうやって協力して進めていけば、うまく学習を進められるでしょう。

このような考え方をもとに作成した入門書が本書というわけです。本書は、人間（筆者）がプログラミング学習の全体的な構成と進め方を決めて進めていき、個々の機能などについてはAIの力を借りてわかりやすい説明やサンプルコードの生成などをしてもらいます。本書を読んでいる側も、読み進めながらわからないことがあれば逐一AIに尋ねながら学習していけば良いのです。

ChatGPTを使おう！

では、生成AIは何を使うのが良いのか？ 本書では、現在、もっとも多く利用されている「ChatGPT」を利用します。既に利用している人も多いでしょうが、まだ使ったことがない人もいるかも知れませんね。まずはChatGPTにアクセスしましょう。

https://chat.openai.com/

図1-1　ChatGPTのWebサイト。

アクセスすると、いきなりChatGPTのチャット画面が現れたことでしょう。この画面の下部に見える入力フィールド(「ChatGPTにメッセージを送る...」とうっすら表示されているところ)にプロンプト(AIに送る質問)を書いて右側の「→」ボタンをクリックすれば、書いたテキストがChatGPTに送られ応答が返ってきて表示されます。

送信した質問とAIからの返事は、画面の中央のエリア内に上から順に表示されていきます。ChatGPTの基本的な使い方は、たったこれだけです。ただ質問して答えをもらうだけなら、他に覚えることはありません。実に簡単！

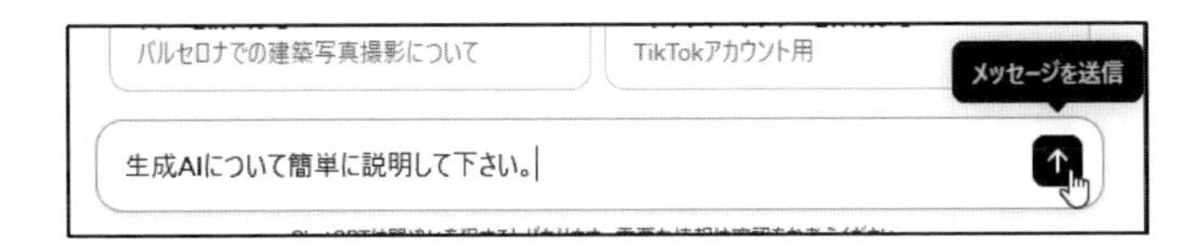

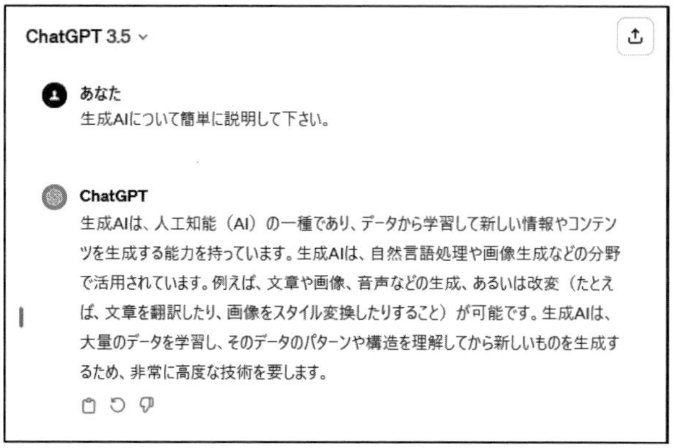

ChatGPT 3.5

あなた
生成AIについて簡単に説明して下さい。

ChatGPT
生成AIは、人工知能（AI）の一種であり、データから学習して新しい情報やコンテンツを生成する能力を持っています。生成AIは、自然言語処理や画像生成などの分野で活用されています。例えば、文章や画像、音声などの生成、あるいは改変（たとえば、文章を翻訳したり、画像をスタイル変換したりすること）が可能です。生成AIは、大量のデータを学習し、そのデータのパターンや構造を理解してから新しいものを生成するため、非常に高度な技術を要します。

図1-2　質問を書いて送信すると、AIからの応答が返ってくる。

アカウント登録しよう

ただし、初めて利用する人は、まだアカウント登録を行っていないでしょう。また前に使ったことがある人も、ログアウトした状態で使っているかも知れません。

ChatGPTは、アカウント登録をしなくとも利用できますが、プログラミングの学習に利用するなら、アカウント登録を行うようにしてください。プログラミングの学習では、一貫した質疑応答をすることが重要です。アカウント登録をしないと、質問の履歴などが使えません。それまでの質疑の内容を読み返したり、前にもらった回答を読み返したりするには、アカウント登録をして質疑の履歴が記録されるようにしておく必要があります。

画面の左下に「登録する」「ログイン」といったボタンが表示されていたなら、まだアカウントでログインしていません。既にアカウント登録をしている人なら「ログイン」ボタンを、まだ未登録の人は「サインアップ」ボタンをクリックしてください。

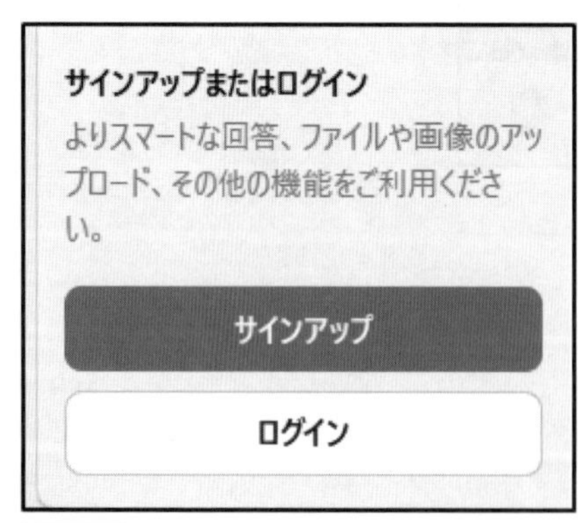
サインアップまたはログイン
よりスマートな回答、ファイルや画像のアップロード、その他の機能をご利用ください。
サインアップ
ログイン

図1-3　「ログイン」「登録する」ボタンをクリックする。

これらのボタンをクリックすると、使用するアカウントを入力する画面に移動します。これはメールアドレスなどを入力して行うこともできますが、Googleアカウントなどを利用したソーシャルログインも可能なので、こちらを利用すると良いでしょう。アカウント登録またはログインの画面にある「Googleで続ける」ボタンをクリックし、Googleアカウントを選択すると、そのアカウントでChatGPTのアカウント登録やログインが行われます。

なお、アカウント登録の場合、アカウントを選択後、「利用規約とプライバシーポリシーを更新しました」「スタートのためのヒント」といった表示が現れる場合があります。これらはそのまま用意されているボタンをクリックしていけば表示が消え、ChatGPTを開始できます。

アカウントを作成する
メールアドレス
続ける
すでにアカウントをお持ちですか？ ログイン
または
Google で続ける
Microsoft アカウントで続ける
Apple で続ける

図1-4　アカウントを選択する画面で「Googleで続ける」ボタンを押すとGoogleアカウントを利用する。

アカウント登録しログインすると、左下にあった「ログイン」「登録する」といったボタンは消え、右上にアカウントのアイコンが表示されるようになります。

さあ、これでChatGPTを使う準備は整いました！

図1-5　画面の右上にアカウントアイコンが表示される。

1-2 Section Webページの基礎知識

プロンプトを書いて勉強しよう！

本書では、ChatGPTにさまざまな質問をしながらWebアプリの開発について学んでいきます。ChatGPTのような生成AIは、プロンプト（AIに送信する質問のテキスト）次第でさまざまな答えを得ることができます。わからないことがあればその都度、ChatGPTに質問しながら勉強していけば良いのです。

ただ、「そうはいっても、何をどう質問したら良いのかわからない」という人も、きっと多いことでしょう。漠然と「質問すれば答えてくれる」といわれても、どこから手を付けたら良いかわかりませんよね。

本書では、プログラミングの学習を進めながら、必要に応じてChatGPTに質問をし、その応答を掲載して、それを元にまた説明を続ける、というやり方で学習をしていきます。皆さんが自分で「ここでの質問は……」などと考える必要はありません。

ただ、そうやってただ読み進めていけば完璧にWebアプリ開発を習得できるか？ といえば、もちろんそうはいかないでしょう。読んでも途中でよくわからなかったりすることは絶対にあります。そんなときこそ、ChatGPTの出番なのです。

では、本書を読み進めながらどうやってChatGPTを活用していけば良いのか、簡単にまとめておきましょう。

掲載されたプロンプトは全部実行しよう

本書では、新しいことを説明するときはたいていChatGPTに質問をして応答を受け取り、それを元に学習していきます。このとき、筆者が送信したプロンプトも、得られた応答も掲載してありますので、必ず自分でも同じプロンプトを書いて送信してみましょう。おそらく得られる応答は、本書に掲載してあるものとは違うはずです。ただ、文章は違っても、そこで説明している内容はだいたい同じはずなのです。

本書掲載の応答を読み、自分でプロンプトを実行して得られた応答を読む。両者を読み比べれば、同じことを複眼的に見ることができます。より理解を深めることができるはずです。

応答がわからなければ再質問しよう

本書に掲載された応答を読み、追加された説明を読んでもよくわからない。そんなときは、自分でプロンプトを再質問しましょう。このとき、まったく同じことを再度質問するのでなく、こんなテキストを付け足してみてください。

「小学生でもわかるようにやさしく教えてください」
「要点をまとめて説明してください」
「具体的な例を挙げて説明してください」
「違う形で説明してください」

これらのテキストを追加することで、それまでとは違った応答を得ることができます。同じことでも、そうやってさまざまな形で説明をしてもらうと、わからなかったものも次第にイメージがつかめるようになってくるはずです。

コードをしっかり理解しよう

本書では、随時サンプルコードを作成し、それを解説していきます。この「コードを読み、理解する」という作業が、プログラミングの学習では非常に重要なのです。

ただ、少しずつ難易度が上がってくると、コードを見てもよくわからなくなってくるでしょう。そんなときは、コードをコピーし、ChatGPTにペーストして、このように質問してみましょう。

「これを詳しく説明してください」

これでコードの内容を説明してくれます。コードの説明は、ChatGPTはとても得意です。

説明を読んでもわからないときは、コードをペーストして送信した後、以下のように追記して送ってみてください。

「コードに1行ずつコメントを付けて説明してください」

これで、送信したコードに1行ずつ、何をやっているのか詳しい説明をつけてくれます。これを見ながら1行ずつやっていることを考えれば、難しいコードもかなり理解しやすくなるでしょう。

HTMLって何？

では、さっそくWebページについて学んでいきましょう。Webページは、HTMLというもの(ページ記述言語といいます)を使って作成します。まずは、このHTMLというものがどういうものか調べてみましょう。ChatGPTに以下のように質問してみます。

リスト1-1 プロンプト

```
HTMLとはどういうものですか。小学生でもわかるように説明してください。
```

難しそうなこと、専門的なことなどを質問するとき、このように「小学生でもわかるように説明してください」といったプロンプトを使うと、わかりやすく噛み砕いた説明をしてくれます。今回は、以下のような応答が返ってきました。

リスト1-2 応答

```
HTML(HyperText Markup Language)は､ウェブページを作るための言語です。ウェブページとは､インターネットで見ることができる画面のことです。HTMLは、文字や画像などのコンテンツを配置したり、リンクを作ったりするためのものです。

HTMLは、タグ(< >で囲まれた言葉)を使って書かれます。たとえば、<h1>というタグは見出しを表し、<p>は段落を表します。タグを使うことで、どこに何を表示するかをコンピューターに伝えることができます。

HTMLを使って､自分の好きな写真を載せたり､興味のある話題について書いたりすることができます。そして､作ったウェブページはインターネットを通じて他の人と共有することもできます。

HTMLは、ウェブ開発の基礎となる言語であり、初めてウェブページを作る人でも学びやすい言語です。
```

HTMLは、Webページを作るための言語で、タグを使って書くもの、ということですね。なんとなくわかったような気がしますが、正直いってこれだけでは漠然としてイメージしにくいでしょう。小学生がこれで「理解できた！」とは、なりそうにありませんね。

（※実際に自分でもプロンプトを試してみた人も多いことでしょう。そうした人は、おそらく間違いなく「ぜんぜん違う応答」が得られたはずです。それで「何か問題があるのでは？」と不安に感じているかも知れませんが、まったくそんなことはないので心配は無用です。AIは、同じプロンプトを送っても、同じ応答は返ってきません。文章の違いなどは気にせず、内容がだいたい同じであればOK、と考えて進めましょう。）

Webページのコードを作成しよう

こういうときは、実物を見て動かしたほうがはるかに理解しやすいものです。では、この

HTMLというのがどんなものか、実際に見てみましょう。ChatGPTに次のように質問をしてみます。

リスト1-3 プロンプト

HTMLだけのWebページのもっとも簡単なサンプルコードを作ってください。

これで、ChatGPTから以下のような応答が返ってきました。ごく簡単なWebページのコードをサンプルとして作成しています。

リスト1-4 応答

以下は、非常にシンプルなHTMLコードのサンプルです。このコードをテキストエディターで新しいファイルとして保存し、拡張子を`.html`としておくと、ブラウザで開くことができます。

```
<!DOCTYPE html>
<html lang="ja">
<head>
  <meta charset="UTF-8">
  <meta name="viewport" content="width=device-width, initial-scale=1.0">
  <title>サンプルページ</title>
</head>
<body>
  <h1>こんにちは、世界！</h1>
  <p>これは簡単なWebページのサンプルです。</p>
</body>
</html>
```

このコードは、以下の要素で構成されています。

- `<!DOCTYPE html>`: HTML5の文書型宣言です。
- `<html>`: HTML文書のルート要素であり、ここからHTMLの構造が始まります。
- `<head>`: ページのメタ情報やスタイルシート、スクリプトなどを含むセクションです。
- `<meta>`: 文書の文字エンコーディングやビューポート設定などを指定します。
- `<title>`: ページのタイトルを定義します。
- `<body>`: ページの実際のコンテンツが含まれるセクションです。
- `<h1>`: 大見出しを表します。
- `<p>`: 段落を表します。

このサンプルコードでは、単純なメッセージを表示するだけの基本的なWebページを作成しています。ブラウザで開くと、「こんにちは、世界！」という見出しと「これは簡単なWebページのサンプルです。」という段落が表示されるでしょう。

こんな応答が返ってきました。HTMLの簡単なサンプルコードを作成し、その内容を説明してくれています。まだよくわからないでしょうが、HTMLとはこういうものだ、ということが少しはイメージできるようになりましたね。

（※まだ、このコードを実際に書いて動かさなくても大丈夫ですよ。もう少し後で実際にやってみますから、しばらく説明を読み進めてください）

応答は千差万別！

さて、同じようにプロンプトを書いて実行してみた人はいますか？ では結果はどうなったでしょうか。「本書の内容と違うものが表示された」という人も多いでしょう。というより、まったく同じ説明が表示された人はほとんどいないのではないでしょうか。

AIは、プロンプトを送るとそれを元に応答を生成します。これは、検索のように「このプロンプトにはこの応答を返す」ということが決まっているわけではありません。質問されると、その場でその質問の答えを考えて作成するのです。

ですから、同じことを質問しても、同じ答えが返ってくるわけではありません。百人が同じ質問をしても、その答えはそれぞれ百通りのものが返ってくるのです。

ただし、細かな部分は違っていても、「内容はだいたい同じ」ものになるでしょう。同じ質問をしたなら、答えがまったく違うものになることはほとんどありません。細かな表現や生成されるコードの内容などが違っても、だいたい同じ答えが生成されるでしょう。

本書ではAIとのやり取りした応答を必要に応じて掲載していきますが、同じプロンプトを送信しても同じ応答は得られません。けれど、だいたい同じ応答にはなるでしょう。

この「だいたい同じ」ということが重要です。「テキストは少し違うけれど、いっていることはだいたい同じだな」と納得できればそれでOK、と考えて進めていくようにしましょう。

くれぐれも、「本書と同じ答えが得られるまで何度も繰り返し質問する」といったことをしないように。それは、時間の無駄です。

使用モデルについて　Column

2024年5月に、OpenAIは新しいGPT-4oというモデルを発表し、それに伴い、無料版でもこのGPT-4oが使われるようになりました。これにより、皆さんがプロンプトを試したときには、本書掲載の応答よりも更に質の高い返事が得られるようになっているでしょう。

ただし、このGPT-4oには利用制限があり、無料版を使っている場合、一定回数に達すると従来のGPT-3.5に戻されます。「これだとちゃんとした応答がもらえないのでは？」と不安になっている人もいるかも知れませんが、心配はいりません。

GPT-4oが発表されるまで、ChatGPTの無料版ではGPT-3.5が使われていました。本書も、GPT-3.5を使って応答を生成しています。GPT-4oが使えなくとも、本書と同レベルのクオリティの応答は得られるはずですから、そのまま利用を続けてもまったく問題はありません。

HTMLとWebページ

さて。それでは先ほど得られた応答の内容を見てみましょう。

「テキストエディターで新しいファイルとして保存し、拡張子を`.html`としておく」と、Webブラウザで開いてWebページを見ることができる、ということですね。

Webページは、このように「HTMLという言語を使って書いたコードを.htmlという拡張子のテキストファイルとして保存する」だけで作ることができます。

では、コードの内容は後回しにして、実際に試してみましょう。

応答の中にコードが表示されている場合、コード表示の右上に「コードをコピーする」という表示がされます。これをクリックすると、コードだけをコピーして利用できます。これを利用してHTMLのコードをコピーします。

```html
html                                          コードをコピーする
                                               コピーする
<!DOCTYPE html>
<html lang="ja">
<head>
  <meta charset="UTF-8">
  <meta name="viewport" content="width=device-width, initial-scal
  <title>サンプルページ</title>
</head>
<body>
  <h1>こんにちは、世界！</h1>
  <p>これは簡単なWebページのサンプルです。</p>
</body>
</html>
```

図1-6　コード部分にある「コードをコピーする」をクリックするとコードをコピーできる。

テキストを編集できるエディターを起動します。Windowsならメモ帳、macOSならテキストエディットなどでいいでしょう。そして、コピーしたテキストをペーストします。

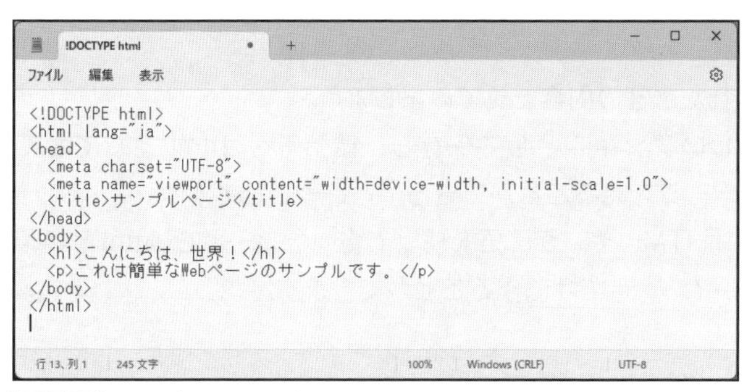


```html
<!DOCTYPE html>
<html lang="ja">
<head>
  <meta charset="UTF-8">
  <meta name="viewport" content="width=device-width, initial-scale=1.0">
  <title>サンプルページ</title>
</head>
<body>
  <h1>こんにちは、世界！</h1>
  <p>これは簡単なWebページのサンプルです。</p>
</body>
</html>
```

図1-7　メモ帳にコードをペーストする。

「ファイル」メニューの「保存」を選んでファイルに保存しましょう。ファイル名は「sample.html」としておきます。保存する場所は、わかりやすいようにデスクトップにしておきましょう。

このとき注意したいのが、拡張子です。メモ帳の場合、「ファイルの種類」を「すべてのファイル」にしてください。これを行わないと自動的に「.txt」拡張子が付けられてしまいます。またファイルのエンコーディングは「UTF-8」にしておきましょう。

これで、sample.htmlファイルが作成されました。

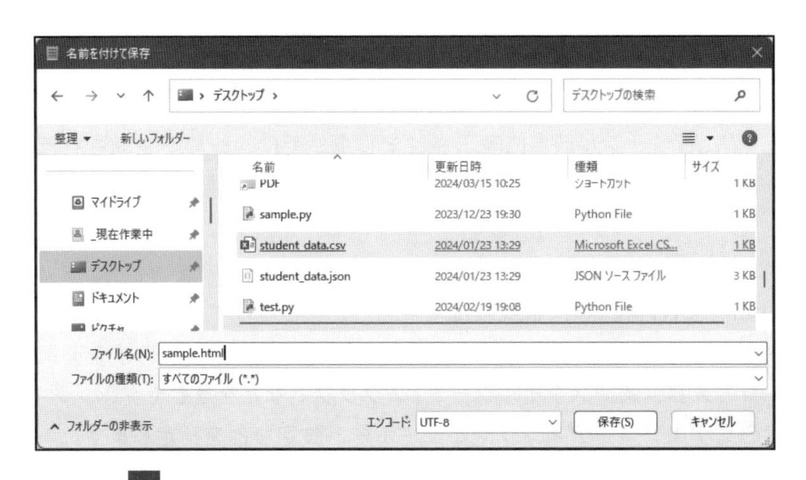

図1-8 「sample.html」という名前でファイルを保存する。

Webブラウザで表示する

保存した「sample.html」をダブルクリックして開いてみましょう。デフォルトのWebブラウザが起動し、sample.htmlが開かれます。「こんにちは、世界！」と表示されたWebページが現れるでしょう。これが、サンプルで作成されたWebページです。

図1-9 Webブラウザでsample.htmlを開く。

HTMLのコードとは?

生成されたコードでWebページが無事に表示されました。では、改めて生成されたコードを見てみましょう。ChatGPTからの応答では、記述されたコードは以下のように説明されていました。

- `<!DOCTYPE html>`: HTML5の文書型宣言です。
- `<html>`: HTML文書のルート要素であり、ここからHTMLの構造が始まります。
- `<head>`: ページのメタ情報やスタイルシート、スクリプトなどを含むセクションです。
- `<meta>`: 文書の文字エンコーディングやビューポート設定などを指定します。
- `<title>`: ページのタイトルを定義します。
- `<body>`: ページの実際のコンテンツが含まれるセクションです。
- `<h1>`: 大見出しを表します。
- `<p>`: 段落を表します。

まぁ、HTMLを使ったことがあるならすぐに理解できるでしょうが、初めて見た人には、これでも何がなんだかわからないでしょう。慌てず、少しずつ説明していきましょう。

見ればわかるように、HTMLのコードでは、<〇〇>という形の単語がたくさん使われています。これは「タグ」と呼ばれます。それぞれのタグにはWebページでの役割が決まっています。このタグを組み合わせてWebページのコンテンツを記述していくのですね。

タグには、1つだけで完結しているものと、2つのタグがセットになったものがあります。たとえば、こんなタグが書かれていましたね。

```
<h1>こんにちは、世界！</h1>
```

これは、「こんにちは、世界！」というテキストの前後を<h1>と</h1>で挟んでいますね。これで「h1というタグの範囲はここからここまでですよ」ということを指定しているのですね。

この最初と最後のタグは一般に「開始タグ」「終了タグ」と呼ばれます。

HTMLの基本的な構造

HTMLのコードは、慣れていないと何がどうなっているのかわからないかも知れません。これは、たくさんの要素(タグを使って書かれているもの)が入れ子構造になっているからです。たとえば、こんな具合ですね。

```
<ABC>
  <XYZ>
    ……内容……
  </XYZ>
</ABC>
```

ABCという要素の中に、更にXYZという要素が用意されていますね。このように、ある要素の中に別の要素が組み込まれ、更にその中に違う要素が組み込まれ……というように、幾重にも入れ子になって要素が組み込まれているのです。

では、HTMLの基本的な構造がどうなっているのか、簡単にまとめてみましょう。すべてのHTMLコードは、以下のような形になっています。

```
<html>
  <head>
    ……ヘッダーの内容……
  </head>
  <body>
    ……Webページの表示……
  </body>
</html>
```

最初の<html>の更に前に<!DOCTYPE html>といったものが書かれていることもありますが、基本的な構造はこのようになっているのです。まず、<html> ~ </html>というタグがあり、HTMLのコードはすべてこの中に書かれています。このhtmlという要素は、「これがHTMLの内容ですよ」ということを示す、一番の土台となる部分なのです。

その中には、<head> ~ </head>というものと、<body> ~ </body>というものがあります。

Chapter 1 2 3 4 5 6 7

head要素(<head> ~ </head>)

これは「ヘッダー」というものを記述するところです。ヘッダーというのは、このWebページに関する情報や設定などを記述するためのものです。ここにあるものは、実際にはWebページに表示されません。Webブラウザに「このWebページはこういうものですよ」ということを伝えるためのものなのです。

ここでは以下の2つの要素が用意されていました。

<meta> ~ </meta>	表示に関する設定情報
<title> ~ </title>	Webページのタイトル

<meta>については「このまま書いておけばいい」と考えてください。内容はわからなくていいです。これを書いておくと、パソコンでもスマホでもうまく表示されるようになる、という程度に考えましょう。

body要素(<body> ~ </body>)

これが、実際にWebページとしてブラウザに表示される内容になります。ここではさまざまな要素が記述されますが、まずは基本の要素として以下のものを覚えておきましょう。

<h数> ~ </h数>	見出しの表示(h1からh6まで)
<p> ~ </p>	テキストの段落

見出しのためのタグは、<h1>から<h6>まであります。<h1>が一番大きな見出しで、数字が大きくなるほど見出しのレベルが下がっていきます。

<p>は、テキストを記述するためのもので、<p> ~ </p>で1つの段落になります。これを必要なだけ記述していけば、長いコンテンツも表示できます。

ボディで使われるHTMLのタグはこの他にもたくさんあります。それらは必要に応じて覚えていけばいいでしょう。

タグと属性

HTMLのタグの中には、その要素に必要な情報を付け加えることができるようになっているものもあります。たとえば、先ほどのサンプルでは、こんな要素がありましたね。

```
<html lang="ja">
<meta charset="UTF-8">
```

タグの記述部分に「lang="ja"」「charset="UTF-8"」といったものが書かれています。これは「属性」というもので、その要素に必要な情報を「属性名="値"」という形で記述しているのですね。

ここで用意されている属性は以下のようなものです。

lang="ja"	使用言語が「ja(日本語)」であることを示す
charset="UTF-8"	テキストの文字コードが「UTF-8」であることを示す

これで、このHTMLは日本語を記述したものであり、使われている文字コード(テキスト

のエンコーディング）はUTF-8であることが示されているのですね。

こうした属性は、この他のさまざまなタグに用意されています。これらも、タグを利用する際に必要に応じて説明していきます。ここでは「属性でその要素の設定や働きを指定することができる」ということだけ覚えておきましょう。

スタイルの設定について

HTMLのコードの基本的な書き方はなんとなくわかってきましたね。しかし、作成されたWebページは、ただテキストが表示されているだけであまり面白みがありません。もう少し、きれいにデザインしたいところです。

表示されているテキストの大きさや色などを設定するには、「スタイルシート（Cascading Style Sheets、CSS）」というものを使います。では、このCSSとはどういうものなのか、ChatGPTで調べてみましょう。

リスト1-5 プロンプト

```
CSSとはどういうものですか。小学生でもわかるように説明してください。
```

リスト1-6 応答

```
CSS (Cascading Style Sheets)は、ウェブページをきれいに装飾したり、デザインを整えたりするための言語です。HTMLがウェブページの内容を記述するのに対して、CSSはそのウェブページの見た目をデザインするのに使われます。

たとえば、HTMLで作ったテキストや画像は基本的には単純な表示ですが、CSSを使うことで文字の大きさや色、背景の色や画像、配置などを細かく指定することができます。つまり、HTMLがページの骨組みを作るのに対して、CSSがページを飾り付ける役割を担っているといえます。

CSSもHTMLと同様に、記述方法があります。たとえば、文字の大きさを指定する場合は「font-size: 20px;」といったように、プロパティと値をセミコロンで区切って記述します。このようにCSSを使うことで、ウェブページを自分の好みや目的に合わせて美しくデザインすることができます。

HTMLとCSSはウェブ開発において非常に重要な要素であり、両方を使うことで素敵なウェブページを作ることができます。
```

なるほど！ CSSは「Webページに装飾をしたり、デザインを整えたりするための言語」なんですね！ HTMLは内容を記述し、CSSは見た目をデザインする、そのように役割が分かれているのですね。

CSSも記述方法が決まっているようですが、「『font-size: 20px;』といったように、プロパティと値をセミコロンで区切って記述する」という説明だけでは、何をどうやって書けばいいのかよくわかりませんね。

Chapter 1 2 3 4 5 6 7

スタイルを設定したサンプルを作る

こういう場合は、実際にサンプルを作成してみるのが一番です。では、先ほど作成してもらったサンプルコードにCSSでスタイルを設定させてみましょう。

リスト1-7 プロンプト

作成したHTMLのコードにスタイルを設定したサンプルを作成してください。

リスト1-8 応答

以下は、先ほどのHTMLコードにスタイルを設定したサンプルです。このスタイルは、文字の色を変えたり、背景色を設定したりするものです。

```
<!DOCTYPE html>
<html lang="ja">
<head>
  <meta charset="UTF-8">
  <meta name="viewport" content="width=device-width, initial-scale=1.0">
  <title>スタイル付きサンプルページ</title>
  <style>
    body {
      font-family: Arial, sans-serif;
      background-color: #f4f4f4;
      margin: 0;
      padding: 20px;
    }
    h1 {
      color: #999;
      text-align: center;
    }
    p {
      color: #666;
      line-height: 1.6;
    }
  </style>
</head>
<body>
  <h1>こんにちは、世界！</h1>
  <p>これはスタイルを設定したWebページのサンプルです。</p>
</body>
</html>
```

このサンプルでは、`<style>`タグ内にCSSスタイルを記述しています。

- `body`: ページ全体に適用されるスタイルを指定しています。`font-family`でフォントを指定し、`background-color`で背景色を設定しています。また、`margin`と`padding`で余白を設定しています。

- `h1`: 大見出しのスタイルを指定しています。`color`で文字の色を設定し、`text-align`で中央揃えにしています。
- `p`: 段落のスタイルを指定しています。`color`で文字の色を設定し、`line-height`で行間を調整しています。

これにより、見出しと段落のスタイルが変更され、ページ全体の背景色やフォントも指定したスタイルになります。ブラウザで開いて確認してみてください。

このようになりました。先ほどのsample.htmlの内容を削除し、今回生成された内容に書き換えましょう。そしてファイルを保存し、Webブラウザでページを表示してみてください。タイトルが中央揃えになり、背景に淡いグレーが表示されるようになりました。また表示されるテキストも、黒ではなく、微妙に変わっています。

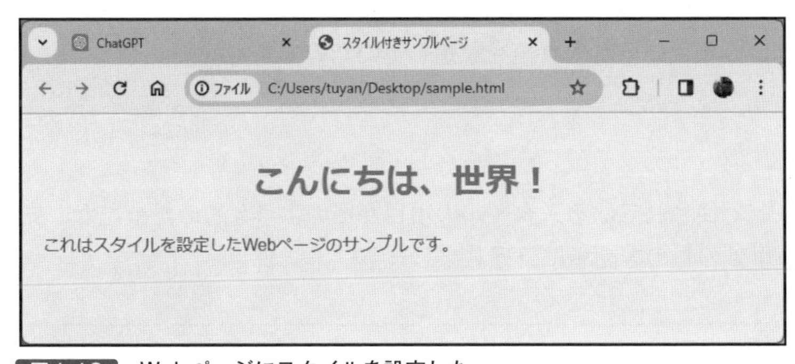

図1-10 Webページにスタイルを設定した。

<style>によるスタイルの指定

CSSによるスタイルの設定方法にはいくつかのやり方があります。ここでは、<style>というタグを使った方式を採用しています。これは、以下のような形でスタイル情報を記述していくやり方です。

```
<style>
要素 {
  ……設定内容……
}
</style>
```

<style> ~ </style>の間に、スタイルの設定を記述していきます。スタイルは、設定する要素名の後に{}をつけ、この中に設定内容を書くようになっています。たとえば、h1

の要素(<h1> ~ </h1>というタグで表示されるもの)のスタイル設定を見てみましょう。

```
h1 {
  color: #999;
  text-align: center;
}
```

color: #999;とtext-align: center;という設定が{}内に書かれているのがわかります。これはテキストの色と文字揃えの位置を指定するものです。color: #999;でテキストの色をグレーにし、text-align: center;でテキストを中央揃えで表示するように設定していたのです。

この設定内容を頭に入れた上で、Webページのタイトル表示(「こんにちは、世界!」のテキスト)を見てみましょう。確かにテキストの色がグレーとなり、画面の中央に表示されるようになっていますね。

スタイルの設定は、このように「項目名: 値;」という形で記述します。ここではcolorという項目とtext-alignという項目にそれぞれ値を設定していたのですね。

主な属性

では、サンプルコードで使われているスタイルの項目がどのようなものだったか、先ほどのcolorとtext-align以外のものを簡単に整理しましょう。

font-family	フォントファミリー。フォントの名前を指定する。
background-color	テキストなどの背景色を指定する。
margin	要素の外側の余白幅を指定する。
padding	要素の内側の余白幅を指定する。
line-height	ラインの高さを調整する。

色の値について

colorとbackground-colorでは、色の値を指定します。この値は、慣れないとちょっとわかりにくいでしょう。

色の値は、RGBの各色の輝度を16進数で表したもので指定されます。これはそれぞれ1桁(全部で3桁)か、それぞれ2桁(全部で6桁)を使います。また透明度を指定したいようなときは、更に透過度の16進数を加えて4桁または8桁の値となることもあります。

いずれも、冒頭に#記号を付けます。たとえば赤を指定したいならば、「#F00」あるいは「#FF0000」と指定すればいいでしょう。Fは大文字でも小文字でも構いません。

この他、主な色は名前で指定することもできます。たとえば赤ならば「red」と値を指定すれば赤く色が指定されます。

余白幅と長さ(大きさ)について

もう1つ、頭に入れておきたいのが「余白幅」です。これにはmarginとpaddingがあります。marginは要素の外側の余白幅を指定し、paddingは要素内の余白幅を指定します。

外側の余白というのは、その要素と隣りにある要素との間のスペースのことです。また内側の余白は、その要素の中に別の要素が組み込まれているようなとき、その間のスペースを指定するのに使います。

これらは、数値と単位をつなげた値を指定します。たとえば、100ピクセルの幅ならば「100px」と記述します。単に「100」だけだと正しく認識されないので注意しましょう。

style属性で設定する

これで、CSSの値を指定してWebページに表示されている要素のスタイルを調整することができるようになりました。

先ほどの例では、<style>を使って各要素のスタイルを指定しましたが、CSSには別の書き方も用意されています。それは、Webページの個々のタグに「style」という属性を使ってスタイルを設定していくやり方です。

これも、実際にコードを見たほうがわかりやすいでしょう。AIに先ほどのコードを書き直してもらいましょう。

リスト1-9 プロンプト

作成したHTMLコードをHTMLタグのstyle属性を使う形に書き直してください。

リスト1-10 応答

以下は、先ほどのHTMLコードをHTMLタグの`style`属性を使う形に書き直したサンプルです。

```
<!DOCTYPE html>
<html lang="ja">
<head>
  <meta charset="UTF-8">
  <meta name="viewport" content="width=device-width, initial-scale=1.0">
  <title>スタイル付きサンプルページ</title>
</head>
<body style="font-family: Arial, sans-serif; background-color: #f4f4f4;
margin: 0; padding: 20px;">
  <h1 style="color: #999; text-align: center;">こんにちは、世界！</h1>
```

```
    <p style="color: #666; line-height: 1.6;">これはスタイルを設定したWebページのサンプルです。</p>
</body>
</html>
```

このサンプルでは、`<body>`タグと各要素（`<h1>`と`<p>`）に直接`style`属性を追加してスタイルを設定しています。各要素の`style`属性には、CSSのプロパティと値を直接記述します。たとえば、`<body>`タグには`font-family`や`background-color`、`<h1>`タグや`<p>`タグには`color`や`text-align`、`line-height`などのスタイルが指定されています。

このように`style`属性を使うことで、各要素に直接スタイルを適用することができます。ブラウザで開いて確認してみてください。

ここには、<style>タグはもうありません。その代わりに、スタイルを適用するそれぞれのタグにstyle属性を用意しています。たとえば、<p>がどのように変わったか見てみましょう。

```
<p style="color: #666; line-height: 1.6;">
```

styleという属性に、"color: #666; line-height: 1.6;"という値が設定されていますね。これは、先に<style>に記述されていたpという項目の{}内に書かれていたものと同じです。こうすることで、この<p>で表示されるテキストのスタイルが設定されるようになります。

<style>でp{……}というようにして記述をした場合、このWebページで使われているすべての<p>にスタイルが適用されます。しかし、<p style="……">という記述の場合、スタイルが適用されるのはこの<p>だけです。その他に<p>タグがあっても、それらには影響はありません。

style属性を使ったやり方は、「その項目にだけスタイルを設定したい」と思ったときに便利です。2つの書き方をうまく組み合わせて使えるようになりましょう。

1-3 Section Webアプリの開発環境

Visual Studio Codeを使おう

ここまで、1つのファイルでHTMLのコードを書いただけですが、とりあえず「Webページを書いて表示する」という一番基本の部分はできるようになりました。後は、少しずつHTMLやCSSの知識を身につけ、できることを増やしていけばいいのです。

そうした本格的な学習に進む前に、ここで「Webアプリの開発環境」について触れておくことにしましょう。

Webアプリを作成する場合、ここまでやってきたようにメモ帳やテキストエディットでHTMLのコードを書いて作る、といったやり方はあまりされません。なぜかというと、こうしたやり方は「面倒くさい」からです。

メモ帳やテキストエディットは、ただのエディターです。テキストを書くだけのものです。HTMLやCSSを書くのも、ブログの記事や買い物メモを書くのも、まったく同じです。ただテキストを書いて保存するだけ、それだけのものでしかありません。

しかし、プログラミング言語のコードというのは、非常に複雑です。決まったルールに従って書かないといけません。何より大変なのが、「例え1文字でも間違えていると動かない」という点です。

長いコードを書いた場合、その中で1文字だけ書き間違えているためにプログラムが動かない、なんてことがあったらどうします？ どこに間違いがあるのか、目を皿のようにして最初から最後までコードを読んで間違い探しをしないといけません。これは、信じられないぐらいに面倒くさい作業です。

Visual Studio Codeについて

世の中には、こうした苦労を軽減するために、プログラミング言語のコード入力を支援するさまざまな機能を搭載したツールも存在します。こうしたものを利用すれば、コードの入力や、書き間違った場合の修正なども、メモ帳より圧倒的に楽になります。

この種のツールは多数存在しますが、ここでは「Visual Studio Code」（以後、VS

Code)というものを使うことにします。これは、Microsoftによって開発されているツールです。なぜ、VSCodeがいいのか。理由はいくつかあります。

1. 無料である

VSCodeは、タダで使うことができます。無料というだけで、試す価値はあります。実際に使ってダメなら捨てればいいんですから。タダなんだから損はしません。

2. Web版とアプリ版がある

VSCodeは、Web版とアプリ版が用意されています。Web版は、ブラウザでアクセスするだけで使えるようになります。その手軽さは、経験しないとわかりません。また「Webベースだと心もとない。アプリが良い」という人は、アプリ版をダウンロードしてインストールし使うことができます。どちらも基本的な使い方は同じなので迷うこともありません。

3. 必要にして十分な機能

Webアプリの開発というのは、端的にいえば「たくさんの種類が異なるファイルをそれぞれ編集する」という作業です。VSCodeは、フォルダーを開いて、その中にあるファイルを開いて編集できるようになっています。同時に多数のファイルを開けますし、HTMLやCSS、JavaScriptなど主な言語に一通り対応していて入力を支援してくれます。機能が絞られている分、動作も軽快です。

VSCodeを使ってみよう

では、実際にVSCodeを使ってみましょう。ここでは、手軽に利用できるWeb版を使ってみることにします。Webブラウザで以下のURLにアクセスしてください。

```
https://vscode.dev/
```

図1-11 VSCodeのWeb版の画面。

アクセスすると、いきなりVSCodeの画面が現れ、すぐに使えるようになります。VSCodeの画面は、大きく3つのエリアで構成されています。まずはそれぞれの役割を頭に入れましょう。

左端のアイコンバー

画面の左端には、縦にいくつかのアイコンが並んだバーがあります。これは、VSCodeに用意されている各種のツール表示を切り替えるためのものです。デフォルトでは、一番上にある「エクスプローラー」というものが選択されています。とりあえず、最初のうちはこれだけしか使いません。

エクスプローラー

アイコンバーの右隣には、縦長のエリアが表示されているでしょう。これは、アイコンバーで選択したツールが表示されるエリアです。デフォルトでは「エクスプローラー」が表示されています。

エリアには「フォルダーを開く」「最近使ったものを開く」といったボタンが用意されていますね。これらは、エクスプローラーにあるボタンです。これらで、編集するフォルダーを開いて作業するようになっているのです。フォルダーを選択すると表示が変わり、そのフォルダー内のファイルなどが表示されるようになります。

残りのエリア

その右側にある広いエリアが、編集のためのエリアです。デフォルトでは「ようこそ」というものが開かれています。これは、ファイルやフォルダーを開いたり、チュートリアルのページを開くリンクなど、便利な機能をひとまとめにしたページです。このエリアに、開いたファイルの内容などが表示され、編集できるようになります。

Webアプリの構成を考える

VSCodeでコード編集を行う前に、Webアプリのコードの構成を考えることにしましょう。ここまでは、1つのファイルだけでWebページを作ってきましたが、本格的なWebアプリになると、たくさんのファイルを扱うことになります。そこで、Webアプリのフォルダーを用意し、その中にすべてをまとめて作業することにしましょう。

デスクトップに「node_sample_app」という名前のフォルダーを作成してください。そして、この中にWebアプリのファイルをすべてまとめておくことにしましょう。

図1-12 デスクトップ「node_sample_app」フォルダーを作成する。

フォルダーをVSCodeで開く

では、作成したフォルダーをVSCodeのエクスプローラーのエリアにドラッグ&ドロップしてください。これで、フォルダーが開かれます。あるいは、エクスプローラーにある「フォルダーを開く」ボタンをクリックしてフォルダーを選択しても開くことができます。

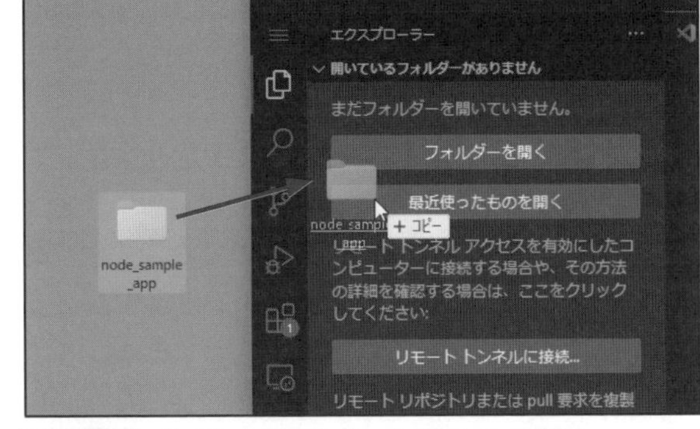

図1-13 作成したフォルダーをVSCodeで開く。

VSCodeの画面内に「このフォルダー内のファイルの作成者を信頼しますか」というアラートが表示されます。そのまま「はい」ボタンをクリックするとフォルダーが開かれます。

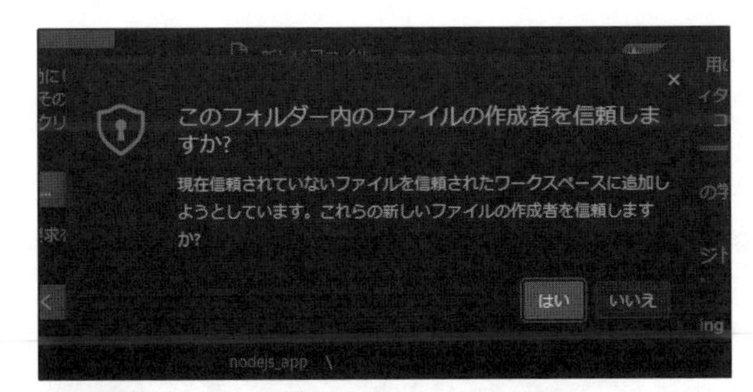

図1-14 アラートが出たら「はい」を選択する。

これでエクスプローラーの「ワークスペース」というところに、開いたフォルダー「node_sample_app」が表示されます。フォルダー内のファイル類も、ここに階層的に表示されるようになります。

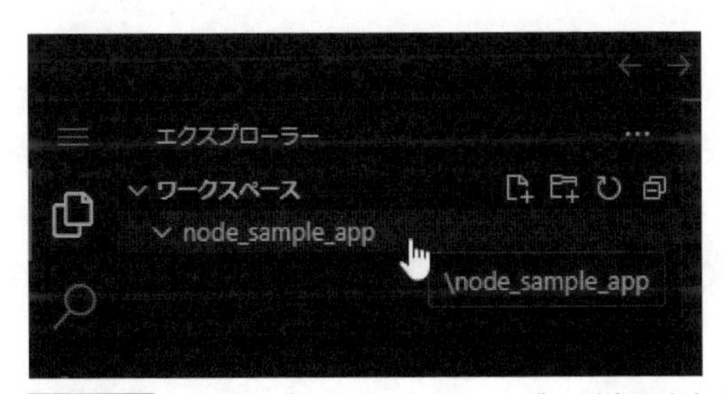

図1-15 エクスプローラーにフォルダーが表示される。

HTMLとCSSを別ファイルに分ける

では、このフォルダー内にWebアプリのファイルを用意していきましょう。先ほどまで作成していたサンプルは、HTMLファイルが1つだけでした。これではちょっとつまらないですね。そこで、このファイルを2つに分けてみましょう。

CSSやJavaScriptのコードは、HTMLの中に埋め込んで書くこともできますが、別ファイルとして用意し、HTMLからファイルを読み込んで利用することもできます。せっかくフォルダーの準備ができたんですから、HTMLとCSSをそれぞれ別ファイルにして使ってみましょう。

では、どうやったら2つのファイルに分けて動かせるのか。AIに聞いてみましょう。

リスト1-11 プロンプト

作成したWebページを、HTMLファイルとCSSファイルに分けてください。

リスト1-12 応答

WebページをHTMLファイルとCSSファイルに分ける方法を説明します。まず、HTMLファイルにはコンテンツを、CSSファイルにはスタイルを記述します。

まずはHTMLファイルを作成します。以下のコードをテキストエディターで新しいファイルとして保存し、拡張子を`.html`としてください(例：`index.html`)。

```
<!DOCTYPE html>
<html lang="ja">
<head>
  <meta charset="UTF-8">
  <meta name="viewport" content="width=device-width, initial-scale=1.0">
  <title>スタイル付きサンプルページ</title>
  <link rel="stylesheet" href="styles.css">
</head>
<body>
  <h1>こんにちは、世界！</h1>
  <p>これはスタイルを設定したWebページのサンプルです。</p>
</body>
</html>
```

次に、CSSファイルを作成します。以下のコードをテキストエディターで新しいファイルとして保存し、拡張子を`.css`としてください(例：`styles.css`)。

```
body {
  font-family: Arial, sans-serif;
  background-color: #f4f4f4;
  margin: 0;
```

```
  padding: 20px;
}

h1 {
  color: #333;
  text-align: center;
}

p {
  color: #666;
  line-height: 1.6;
}
```

HTMLファイルとCSSファイルを同じディレクトリに保存し、HTMLファイル内でCSSファイルを読み込むように`<link>`タグを追加しています。この`<link>`タグの`href`属性には、CSSファイルのパスを指定しています(この例では`styles.css`というファイル名を想定しています)。

これで、HTMLファイルとCSSファイルが分かれています。ブラウザでHTMLファイルを開くと、指定したCSSファイルに記述されたスタイルが適用されます。

サンプルコードをHTMLとCSSの2つのファイルに分けるサンプルを作成してくれました。2つのファイルのコードも用意されていますね。では、この説明に従って、2つのファイルを作成しましょう。

HTMLファイルの作成

まず、HTMLファイルからです。VSCodeのエクスプローラーで、「node_sample_app」フォルダーを選択してください。ここにファイルを作成します。

フォルダーを選択したら、上部に見える「新しいファイル」アイコン(ファイルのアイコンに「+」がついたもの)をクリックします。これで、選択したフォルダー内に新しいファイルの項目が追加され、ファイル名を入力する状態になります。そのまま「index.html」と名前を記入してください。

図1-16 「新しいファイル」アイコンでファイルを作成する。

ファイル名を確定すると、画面に「node_sample_appに変更を保存しますか」というアラートが表示されます。これで「変更を保存」ボタンをクリックすると、ファイルがフォルダーに保存されます。このアラートは、最初に表示されるだけで以後は表示されません。

図1-17　アラートの「変更を保存」ボタンを押すとファイルが保存される。

　これでフォルダーにindex.htmlというファイルが作成できました。ファイルが作成されると同時にエディターが開かれ、コードを編集できる状態となっているでしょう（開かれていない場合はエクスプローラーからファイルの項目をクリックすると開けます）。
　そのまま、AIが作成したコードを以下のように記述しましょう。

リスト1-13

```
<!DOCTYPE html>
<html lang="ja">
<head>
  <meta charset="UTF-8">
  <meta name="viewport" content="width=device-width, initial-scale=1.0">
  <title>スタイル付きサンプルページ</title>
  <link rel="stylesheet" href="styles.css">
</head>
<body>
  <h1>こんにちは、世界！</h1>
  <p>これはスタイルを設定したWebページのサンプルです。</p>
</body>
</html>
```

```
<!DOCTYPE html>
<html lang="ja">
<head>
  <meta charset="UTF-8">
  <meta name="viewport" content="width=device-width,
  initial-scale=1.0">
  <title>スタイル付きサンプルページ</title>
  <link rel="stylesheet" href="styles.css">
</head>
<body>
  <h1>こんにちは、世界！</h1>
  <p>これはスタイルを設定したWebページのサンプルです。</p>
</body>
</html>
```

図1-18 作成したindex.htmlにHTMLのコードを記述する。

このコードには、CSSのスタイル設定の情報は一切ありません。ただし、以下のようなタグが新たに追加されているのがわかります。

```
<link rel="stylesheet" href="styles.css">
```

これは、「styles.css」というファイルをスタイルシートとしてリンクするものです。これにより、hrefで指定したファイルをスタイルシートとして読み込み、HTMLの要素に適用してくれます。

CSSファイルを用意する

続いて、CSSファイルです。これもHTMLと同じようにして作成します。エクスプローラーで「node_sample_app」フォルダーを選択した状態で「新しいファイル」アイコンをクリックし、ファイル名を「styles.css」と入力してください。CSSファイルは、このように「○○.css」という名前で作成します。

図1-19 新しいファイルを作り、「styles.css」と入力する。

ファイルが作成されたら、エディターにコードを記述しましょう。AIが作成したコードは以下のようになります。

リスト1-14

```
body {
  font-family: Arial, sans-serif;
  background-color: #f4f4f4;
  margin: 0;
  padding: 20px;
}

h1 {
  color: #999;
  text-align: center;
}

p {
  color: #666;
  line-height: 1.6;
}
```

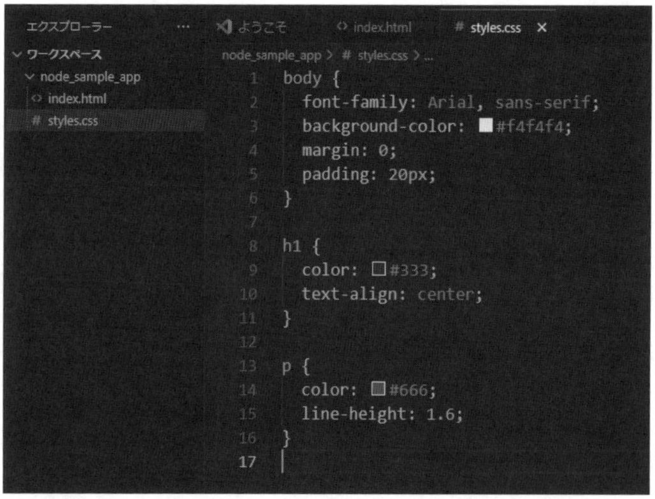

図1-20　作成したWebページをブラウザで開いたところ。

記述できたら、作成したindex.htmlファイルをWebブラウザで開いてみましょう。先に作ったサンプルと同様にスタイルが設定されたWebページが表示されます。

もしスタイルが反映されていなかったら、作成したCSSファイルのファイル名とHTMLコードの<link>に記述したhrefのファイル名が同じかどうか確認してください。また、styles.cssのソースコードに余計な記述がされていたり、コードが間違って書かれていたりしないか確認をしましょう。

VSCodeの編集支援機能

実際にファイルを作成してコードを記述したとき、VSCodeのエディターはメモ帳などとはかなり違うものであることに気がついたはずです。VSCodeのエディターにはコードの編集を支援する機能がいろいろと用意されています。主な機能を簡単にまとめておきましょう。

コードの色分け表示

コードは、それぞれの単語の役割ごとに色分け表示されます。値、変数、キーワードなどの役割がひと目でわかるようになっているのです。また単語の綴りを書き間違えていたりすると本来とは別の色で表示されたりするため、すぐに書き間違いに気がつきます。

オートインデント

コードは、文法に従って文の開始位置を右に移動して記述していきます。これを「インデント」といいます。VSCodeでは、コードの文法を解析し、自動的にインデントを付けながら記述できるようになっています(ただし、完璧ではないので、内容に応じて自分で調整が必要です)。

自動補完

コードを入力する際に、変数名や関数名などを自動的に補完してくれる機能です。言語やファイル形式に応じて適切な補完が行われます。また({[などのカッコを記入すると自動的に)}]といった閉じカッコも挿入してくれます。

エラー検出とハイライト

コード内のエラーや警告を検出し、問題箇所に赤い波線を表示するなどして知らせてくれます。これにより、コーディング時に問題を発見しやすくなります。

VSCodeは使いながら覚える！

さて、これでVSCodeの基本的な使い方はわかりました。「まだ、フォルダーを開いてファイルを作って編集することしかやってない」って？ いいんです、それで。それだけできれば、もうVSCodeを使ってWebアプリ作成を行うことができます。

VSCodeにはこの他にもいろいろな機能が用意されていますが、それらは今すぐ覚えなくとも問題ありません。ファイルを作成し、編集できればそれで十分プログラミングできるのですから。その他の機能は、使いながら少しずつ覚えていきましょう。

HTMLとCSSは完璧でなくていい！

これでHTMLとCSSを使ってWebページを作れるようになりました。「でも、ほんの少し書いただけで、まだ全然わからないよ」という人。それでいいんです。

この次に説明するJavaScriptは、プログラミング言語です。これは、きっちりと正確に使わないと動きません。けれど、HTMLやCSSは、実は「適当に書いても動く」のです。多少、書き方が間違っていても、Webページは表示されます。ただ、間違えると思ったような表示にならないことはありますが、一応表示はされるのです。ですから、まず試しに書いて表示して、思ったようにならなかったらあれこれ書いたものを書き直して試しながら調整していけばいいのです。

HTMLのタグやCSSのスタイルは相当な数が用意されています。Webサイトを作っている人でも、ほとんどの人はそれらを全部把握なんてしてません。「自分が知っているものを使ってWebページを書いてる」という人がほとんどです。それで、たいていは済んでしまうのです。

これから、たくさんのサンプルコードを書いていきます。よく使うHTMLのタグやCSSのスタイルは、気がついたときにはほぼ覚えてしまっているはずです。ですから、今ここでHTMLやCSSについてじっくり時間をかけて学ぶ必要はありません。

これらは「習うより慣れよ」です。使っていればそのうち覚える。それで十分。そう割り切って進みましょう！

Chapter 2

JavaScriptの基本を覚えよう

JavaScriptはプログラミング言語です。これを使うには、言語の基本的な文法を知る必要があります。ここでは、基本の文法として「値と変数と計算」「制御構文」「配列」といったものについて説明をしましょう。

2-1 Section JavaScriptの基本要素

JavaScriptの学び方

前章で、Webアプリの基本技術であるHTMLとCSSについて簡単に説明を行い、実際にコードを書いて動かしてみました。残るはJavaScriptですね。

しかし、JavaScriptについては、HTMLやCSSのように簡単に済ませるわけにはいきません。これは、プログラミング言語なのです。Webアプリでは、すべての処理を、このJavaScriptで作成し実行させなければいけません。したがって、JavaScriptに関しては、きっちりと使い方を覚え、実際にさまざまなプログラムが自分で書けるようにならないといけません。

では、実際にJavaScriptを使いながら、この言語について学んでいくことにしましょう。

プログラミング経験のない人がプログラミング言語を学ぶ場合、何をどういう順番に学んでいけばいいのでしょうか。これはJavaScriptだけでなく、多くのプログラミング言語を学ぶ際に頭に浮かぶ疑問です。

AIにいろいろと尋ねてみたのですが、今ひとつ良い応答が得られませんでした。こういう抽象的なもの、また人それぞれに考え方が異なってくるような質問は、AIには向かないようです。

では、人間(筆者)がこれまでの経験から答えることにしましょう。プログラミングを学ぶには、以下のようなものを順に学んでいくのがもっともわかりやすいでしょう。

・値と変数	値は、プログラミングの基本中の基本です。まずはどんな値があってどう扱うのか、これをしっかり覚えましょう。
・計算	値は、その種類ごとにさまざまな計算が行えます。この基本を覚えます。
・制御構文	プログラミング言語には、処理の流れを制御するための構文がいろいろと用意されています。その使い方を覚えます。
・複雑な値	基本的な値とは別に、たくさんの値を組み合わせて扱うような複雑な値が用意されているものです。こうした複雑な値の使い方を学びます。

・処理の構造化	プログラムの一部を切り離し、いつでも呼び出して実行できるようにする仕組みが多くの言語にはあります。このようなコードを構造的に組み立てる仕組みを学びます。

このぐらいまでわかれば、もうかなり本格的なプログラムが作れるようになっています。後は、それぞれの言語に用意されている命令やライブラリなどを少しずつ覚え、語彙を増やしていけば良いのです。

プログラミングは「値」を操作すること

では、JavaScriptの学習を開始しましょう。まずは、「値」から説明していきましょう。

JavaScriptには、さまざまな種類の値があります。プログラミングというのは、さまざまな値を計算して操作することだ、といっても過言ではないでしょう。そのためには、どんな値があるのか知っておかないといけません。

では、JavaScriptの値についてAIに聞いてみましょう。

1
Chapter 2
3
4
5
6
7

リスト2-1 プロンプト

JavaScriptの値について小学生でもわかるように説明して。

リスト2-2 応答

JavaScriptでは、さまざまな種類の値を使います。たとえば、数字や文字、真偽値(trueやfalse)、そしてリストのような複数の値をまとめたものがあります。これらの値を使って、コンピューターにいろいろなことを指示することができます。

数字の値について

数字は普段使っている数値のことです。たとえば、1や100などが数字の値です。これを使って、足し算や引き算などの計算ができます。たとえば、2 + 3 を計算すると、結果として5が得られます。

テキストの値について

テキストはアルファベットや記号など、文字で表されるものです。たとえば、「こんにちは」や「abc123」などがテキストの値です。これを使って、文章を表示したりすることができます。

真偽値について

真偽値は、何かが正しいか間違っているかを表す値です。true (真)やfalse (偽)がそれに当たります。たとえば、1が2より小さいという判定はtrueですが、3が10より大きいという判定はfalseです。

これらの値を上手に組み合わせて使うことで、コンピューターにいろいろな処理をさせることができます。

中には、もっといろいろな説明が表示された人もいるでしょうが、ここに挙げられた「数字」

「テキスト」「真偽値」といったものは必ず挙げられていたことでしょう。この3つの値が、JavaScriptのもっとも基本となる値なのです。

数字の値について

まずは、「数字」の値からです。数字の値には2つの種類があります。それは「整数」と「実数」です。

整数	普通に「100」というように数字を書けば、それは整数の値として扱われます。
実数	「0.01」のように小数点以下の値がついたものです。また整数でも「100.0」のように小数点をつけて書けば実数として扱われます。

この他、16進数や「○○×10の○○乗」というような巨大な数字を扱う書き方などもありますが、とりあえず「数字を書けばそのまま整数や実数として扱われる」という基本がわかっていればいいでしょう。

テキストの値について

テキストの値というのは、「こんにちは」のようなテキストのことです。こうしたテキストも、もちろん「値」なのです。

テキストの値は、前後にクォート記号を付けて記述します。たとえば、こんな具合です。

```
"こんにちは" 'Hello.'
```

テキストの前後にクォート記号をつけていますね。使えるのは、ダブルクォート(")とシングルクォート(')です。いずれも、テキストの前と後ろにつける記号は同じ種類のクォート記号でないといけません。"Hello' というような書き方はできません。クォートの間に記述するテキストは、途中で改行することはできません。

（※この他にも、バッククォート記号を使った書き方もありますが、これは少し特殊な働きをするものなのでここでは触れません）

真偽値について

「真偽値」というのは、プログラミング言語特有の値と言えるでしょう。日常で耳にすることはほとんどないものですね。

これは「正しいか、正しくないか」といった二者択一の状態を表すのに使うものです。真偽値は「true」「false」の2つの値しかありません。物事の状態を表すのに、「true = 正しい状態」

「false = 間違った状態」というようにして表現するのに利用するのです。

これは、もう少し後で出てくる制御構文というものを使うようになるとその役割がわかってきます。今は「そういう値がある」ということだけ覚えておけばいいでしょう。

コンソールを使おう

では、実際にJavaScriptを動かしてみましょう。JavaScriptは、Webページに書いて動かすものです。したがって、動かすためにはWebページの中にJavaScriptのコードを書いてWebページで実行しないといけません。これは、慣れないとちょっと面倒ですね。

実は、もっと簡単にJavaScriptを動かす方法があります。Webブラウザの「コンソール」を使うのです。

Webブラウザには、開発者用のツールというのが用意されています。たとえば、Chromeならば「その他のツール」というメニュー内に「デベロッパーツール」というサブメニューが用意されています。Edgeならば、やはり「その他のツール」内に「開発者ツール」という項目が用意されています。Firefoxでは、「その他のツール」内にある「ウェブ開発ツール」として用意されています。

この開発者用のツールは、開かれているウィンドウやタブごとに呼び出されます。では、前章で作成したWebページが開かれた状態で、これらのメニューを選んでください。これで、作成したWebページのための開発者用ツールが開かれます。

図2-1 メニューを選んで開発者用のツールを選ぶ。

開発者用ツールのウィンドウには、各種のツールが切り替え表示できるように並んでいます。上部にある「要素」「コンソール」……といった項目が、切り替えタブになっており、ここをクリックして表示を切り替えます。

この開発者用のツールは、ブラウザが異なっていてもだいたい同じものが提供されています。

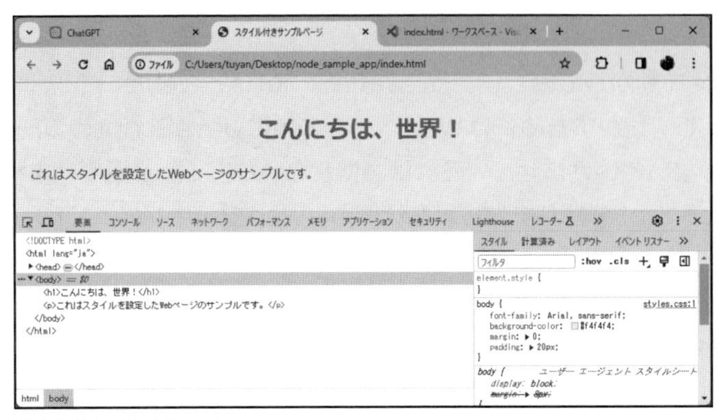

図2-2　開発者用のツール。

コンソールを開く

では、開発者用ツールにある「コンソール」という項目をクリックしてください。これでコンソール画面に切り替わります。

このコンソールというのは、JavaScriptのコードを実行し、その中で出力される各種の情報を表示するものです。非常にユニークなのは、ここで直接JavaScriptの文を書いて実行することもできるようになっています。

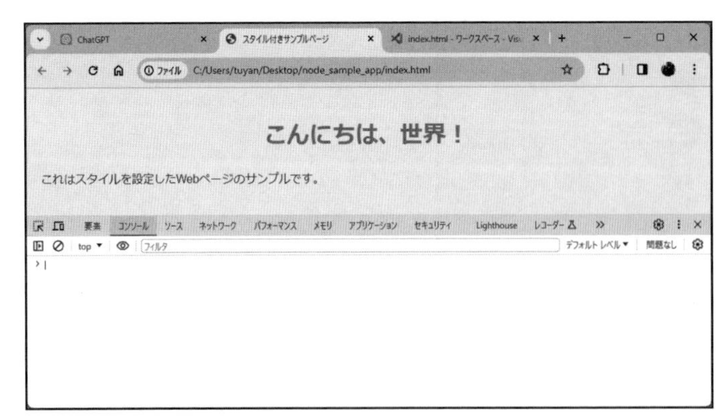

図2-3　コンソールの画面。ここで直接JavaScriptのコードを実行できる。

（※ブラウザによっては、コンソールにJavaScriptのコードをペーストして実行しようとすると警告のメッセージが表示される場合があるかも知れません。たとえば、Google Chromeでは、「貼付けを許可」と入力しEnterしないとコードのペーストができないようになっています。警告が表示された場合は、そのメッセージに従って操作してください)

計算をしよう

では、コンソールを利用しながらJavaScriptの基本文法を学んでいきましょう。「値」がわかったら、次は「計算」についてです。JavaScriptに用意されている値は、さまざまな計算が行えます。これについてAIに聞いてみましょう。

リスト2-3 プロンプト

```
JavaScriptの演算記号について簡単に説明して。
```

リスト2-4 応答

```
JavaScriptにおける演算記号について簡単に説明しますね。

1. 算術演算子:
加算(+) : 数値同士を足し合わせます。たとえば、`5 + 3`は 8 を返します。
減算(-) : 数値同士を引き算します。たとえば、`10 - 4`は 6 を返します。
乗算(*) : 数値同士を掛け算します。たとえば、`2 * 6`は 12 を返します。
除算(/) : 数値同士を割り算します。たとえば、`8 / 2`は 4 を返します。
除算(/) : 数値同士を割り算します。たとえば、8 / 2は 4 を返します。
剰余(%) : 1つの数を別の数で割った余りを求めます。たとえば、`10 % 3`は 1 を返します。

……以下略……
```

おそらく、この後にもっと難しそうな演算についてもずらっと出てきたことでしょう。こういう場合、難しそうな部分は脇において、一番の基本である「算術演算子」だけを見ることにしましょう。

算術演算子は、加減乗除の計算をするための記号です。+とか*といった記号のことですね。こうした記号のことを「演算子」といいます。

加減乗除は小学校で習うものですから誰でもわかるでしょうが、プログラミング言語では注意が必要なものがあります。それは「割り算」です。通常の除算記号(/)による割り算は、「割り切れるまで割る」というものです。たとえば、「10割る3」ならば、3.33333……というようにJavaScriptが扱える範囲内で割り続けます。

これだと、「余りはいくつか」がわかりませんね。そこで、余りを計算する専用の演算子として「%」という記号が用意されているのですね。

1
Chapter 2
3
4
5
6
7

計算をしてみよう

では、実際に計算をしてみましょう。コンソールに以下のように計算の式を書いてみてください。

リスト2-5

```
10 + 20 * 3 / 4
```

図2-4 数式を書くと答えが表示される。

式を書くとリアルタイムに答えが下に表示されるのがわかります。そのままEnterキーを押せば、入力が確定し、次の入力が行えるようになります。コンソールは、このように「文を書くと結果が下に表示される」という形で動きます。またEnterすることで、次々に文を書いていくこともできます。

本格的なプログラミングにはまったく使えませんが、「JavaScriptの文をちょっと書いて動かす」という程度ならこれで十分でしょう。

テキストの演算

値の計算は、実は数字だけではありません。その他の値にも演算子が用意されているのです。まずは、テキストの演算についてAIに聞いてみましょう。

リスト2-6 プロンプト

テキストの演算について簡単に説明して。

リスト2-7 応答

テキスト(文字列)の演算について簡単に説明しますね。

JavaScriptでは、テキスト(文字列)に対してもいくつかの演算を行うことができます。

1. 文字列の結合(Concatenation):

文字列同士を結合することができます。結合には「+」演算子を使用します。
たとえば、"Hello" + "World" を結合すると "HelloWorld" となります。

2. 文字列の長さ取得:
文字列の長さを取得するには、文字列の後ろに「.length」をつけます。
たとえば、"Hello".length は 5 を返します(文字列 "Hello" は5文字)。

……以下略……

これも、続けて更に難しそうな説明がずらっと書き出されたことでしょう。難しそうな部分は今は無視して、「文字列の結合」という最初のものだけ見ておきましょう。

文字列というのは、テキストのことです。JavaScriptでは、「+」演算子を使ってテキストを1つにつなげることができます。実際にやってみましょう。コンソールに以下の文を書いてみてください。

リスト2-8
```
"Hello" + "World"
```

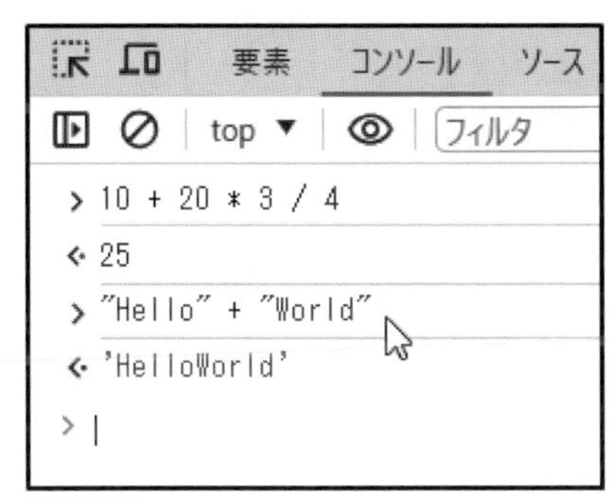

図2-5 "Hello" + "World"を実行すると「HelloWorld」とテキストができた。

こうすると、'HelloWorld'というテキストが表示されます。2つのテキストが1つにつながっているのがわかりますね。

変数と定数

値は、そのままコードに記述して使うだけではありません。それ以上に利用されるのが「変数に入れて使う」というやり方です。

変数は、さまざまな値を保管します。この変数を使って、さまざまな処理を行うのです。では、変数についてAIに説明してもらいましょう。

リスト2-9 プロンプト

変数についてわかりやすく説明して。

リスト2-10 応答

変数とは、プログラムでデータを一時的に保存したり、処理したりするための箱のようなものです。変数にはさまざまな種類のデータを入れることができます。以下に、変数についてわかりやすく説明します。

たとえば、数学の授業で使う箱やコップを考えてみましょう。それぞれに名前を付けることで、その箱やコップに何かを入れたり、取り出したりできますよね。変数も同じようなものです。

1. 名前(識別子):
変数には名前(識別子)が必要です。この名前を使って、プログラム内で変数を参照したり操作したりします。
たとえば、`age`や`userName`などの名前を持つ変数を作成することができます。

2. データの保存:
変数は、数値(整数や小数)、文字列(文字や言葉)、真偽値(trueやfalse)、配列(複数のデータをまとめたもの)、オブジェクト(関連するデータをまとめたもの)など、さまざまな種類のデータを保存することができます。

3. 値の代入:
変数にデータを保存することを「値を代入する」といいます。代入には代入演算子(=)を使います。
たとえば、`let age = 30;`というコードは、変数`age`に値30を代入しています。

4. 値の取得:
保存されたデータを使うときには、変数を参照してその値を取得します。
たとえば、`console.log(age);`というコードは、変数`age`に保存された値をコンソールに表示します。

5. 値の更新:
変数には新しい値を代入することができます。変数に新しい値を代入すると、以前の値は上書きされます。
たとえば、`age = 35;`というコードは、変数`age`に新しい値35を代入して元の値を更新します。

JavaScriptでは、変数を作成するときに`let`や`const`、`var`などのキーワードを使います。それぞれのキーワードにはスコープや再代入の可否など、使い方に注意が必要ですが、初心者が始める場合はまず`let`を使うことが推奨されています。

図2-6 変数は、値を入れておく入れ物のようなもの。

プロンプトを送ると、ずらっと説明がされました。なるほど、変数は、値を入れておく箱のようなものなんですね。

変数について過不足なく整理して説明されていると思いますが、これをざっと読んでも変数を使えるようになった気はしないでしょう。やっぱり、実際に使いながら説明を読んでいかないと、なかなか頭に入らないでしょう。

変数の宣言

変数を使うには、まず最初に変数の宣言を用意します。これは、だいたい以下のように記述します。

●変数を用意する

```
let 変数名;
var 変数名;
```

●変数を用意して値を設定する

```
let 変数名 = 値;
var 変数名 = 値;
```

変数は、とりあえず宣言だけして変数を作成しておくこともできますし、作成と同時に値を入れておくこともできます。letまたはvarというキーワードの後に変数の名前を書いて、値を入れておく場合は更にその後に「= 値」とつければいいのですね。

（letとvarの違いは、varはプログラム全体で使えるようになるという点があるのですが、今は「どちらもだいたい同じもの」と考えて構いません）

変数を使ってみる

では、実際にやってみましょう。コンソールで以下の文を順に実行してみましょう。

リスト2-11

```
let x = 100;
let y = 200;
let z = x + y;
```

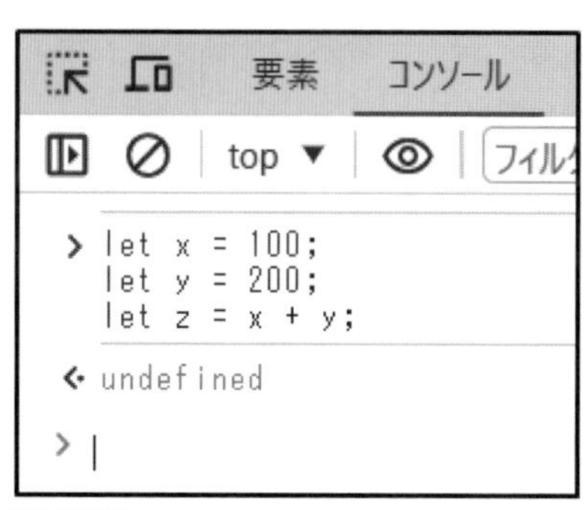

図2-7 実行すると、x, y, zにそれぞれ値が代入される。

1行ずつ書いてEnterしていってもいいですが、メモ帳などにコードを記述し、それをコピーしてコンソールにペーストしてからEnterすると、3行をまとめて実行させることができます。実行すると、最後に「undefined」と表示されるでしょう。これは、今回のコードが何かを表示したりするものではないためです。コードに問題があるわけではないので気にしないでください。

ここでは、xに100、yに200という値を代入しています(プログラミング言語では、変数に値をいれることを「代入」といいます)。

そしてその後で、x + yの値を変数zに代入しています。xとyにはそれぞれ100と200が入っていますから、zには300が代入されるわけです。こんな具合に、変数には値だけでなく、式を=で代入することもできます。こうすると、式そのものではなくて、式の結果(答え)が代入されます。

文の終わりはセミコロンで終わりにしよう Column

サンプルで書いたコードを見て、なにか気づいたことはありませんか？　そう、すべての文の終わりにセミコロン(;)がつけられているのです。

JavaScriptでは、文と文の間には改行かセミコロンを付けて区切ることになっています。ですから、それぞれの文を改行して書いてあれば、セミコロンはつけなくても問題ありません。ただ、JavaScriptの文は、長いものなどは必要に応じて途中で改行しながら書いたりすることもあります。そうすると、慣れないうちはどこで文が終わっているのかよくわからなくなってしまうのですね。

そこで本書では、文の終わりは「セミコロンを付けて改行」というようにしています。これなら、どこで文が終わるのか一目瞭然です。

変数を表示しよう

では、本当に変数が作成されているのかどうか確かめてみましょう。以下のコードを記述し、コンソールにコピー&ペーストして実行してみてください。

リスト2-12

```
console.log("xの値は、" + x);
console.log("yの値は、" + y);
console.log("zの値は、" + z);
```

要素　コンソール　ソース　ネットワーク
top ▼　フィルタ

```
> console.log("xの値は、" + x);
  console.log("yの値は、" + y);
  console.log("zの値は、" + z);
  xの値は、100
  yの値は、200
  zの値は、300
<· undefined
> |
```

図2-8　x, y, zの変数の値が表示される。

x, y, zの各変数の値が出力されます。ちゃんと変数が作成されているのが確認できましたね。

ここでは、console.logというものを使っています。これはJavaScriptに用意されている機能で、コンソールに値を出力するものです。これは以下のように利用します。

```
console.log( 値 );
```

console.logの後の()に、表示したい値を書いておきます。これは普通の値だけでなく、変数や式も書いておくことができます。これはとても便利なものなので、ここで覚えておきましょう。

異なる値を扱う

ここでは、console.logの()に、"xの値は、" + xというように値を書いてありますね。これで「xの値は、100」といったテキストが表示されました。

この式、よく考えるとちょっと不思議ですね。なぜって、"xの値は、"というのはテキストですが、xは数値(整数)です。テキストと整数を足し算しているのです。この場合、どう扱われるのでしょうか。AIに質問してみましょう。

リスト2-13 プロンプト

異なる種類の値を演算した場合、どういう結果が得られるのか教えてください。

リスト2-14 応答

異なる種類の値を演算した場合、JavaScriptでは自動的に型変換(Type Conversion)が行われてから演算が行われます。これによって、異なる型の値を演算すると、次のような結果が得られます。

1. 数値と文字列の演算:
数値と文字列を加算(+)する場合、文字列に変換されてから加算が行われます。
たとえば、`5 + "10"`の結果は数値の加算ではなく、文字列の結合として扱われ `510` となります。

2. 真偽値と数値の演算:
真偽値(trueやfalse)を数値と演算する場合、trueは1に、falseは0に変換されてから演算が行われます。
たとえば、`true + 2`は `1 + 2`として計算されて `3` となります。

3. 真偽値と文字列の演算:
真偽値と文字列を演算する場合、真偽値は文字列に変換されてから結合されます。
たとえば、`false + " is a boolean"`の結果は `false is a boolean` となります。

4. その他の型の演算:
JavaScriptでは他にも複数のデータ型がありますが、それらと数値や文字列との演算では、適切な型変換が行われてから演算が行われます。

注意点として、型変換によって意図しない結果を得ることがあるため、異なる型の値を演算する際にはその挙動を理解しておくことが重要です。必要に応じて明示的な型変換(Type Conversion)を行うこともできます。

種類の異なる値を演算すると、JavaScriptは「型変換」という処理を行うのですね。型変換は、一般に「キャスト」とも呼ばれています。さまざまな例を挙げてくれましたが、ポイントを整理するとこうなります。

「式の中に文字列の値が含まれていたなら、すべて文字列に変換して結合する」

これをしっかり覚えていれば、それだけで型変換の初歩は身についたといっていいでしょう。「異なる種類の値がある式」というのは、ビギナーのうちは「文字列と、その他の値(数値や真偽値)」というパターンがほとんどです。これだけわかっていれば、後は知らなくともほとんど問題ありません。

定数について

変数についてはだいたいわかりましたが、JavaScriptにはこの他に「定数」というものもあります。これは、変数と似ていますが違うものです。どんなものか、AIに聞いてみましょう。

リスト2-15 プロンプト

定数とはどういうものか簡単に説明してください。

リスト2-16 応答

定数(Constants)とは、プログラムで値を代入した後に変更できない変数のことです。つまり、一度値を代入した定数はその後変更することができません。

定数は通常、プログラム内で変更されたくない値や、プログラム全体で共通して利用される値に使用されます。たとえば、円周率や定数値、設定値などが挙げられます。

JavaScriptでは、`const`キーワードを使って定数を宣言します。定数を宣言する際には、初期値を代入する必要があります。定数の宣言後に再度代入しようとするとエラーが発生します。

以下は、JavaScriptで定数を宣言する例です。

```
const PI = 3.14159;  // 円周率を表す定数
const MAX_VALUE = 100;  // 最大値を表す定数

// 以下のように定数を再代入しようとするとエラーが発生します
// PI = 3.14;  // Error: Assignment to constant variable
```

このように定数を使うことで、プログラムの安全性や可読性を高めることができます。定数は値が変更されることを防ぐため、意図しない値の変更を防止したり、コードの理解や保守性を向上させるのに役立ちます。

定数は、「値を変更できない変数」です。最初に定数を作るときに、値を代入すると、その値の定数が作られ、以後、一切変更できなくなります。

```
const 定数名 = 値;
```

定数の場合、変数のように「let ○○;」と定数の宣言だけして後で値を入れる、ということはできません。定数は、最初に宣言して定数を作るときしか値を設定できないのです。必ず最初に値を代入して作ってください。

では、この定数も使ってみましょう。

リスト2-17

```
const PI = 3.14;
let r = 12;
console.log("面積は、" + r * r * PI);
```

```
要素　コンソール　ソース　ネットワーク
top ▼　Filter
> const PI = 3.14;
  let r = 12;
  console.log("面積は、" + r * r * PI);
  面積は、452.16
<· undefined
>
```

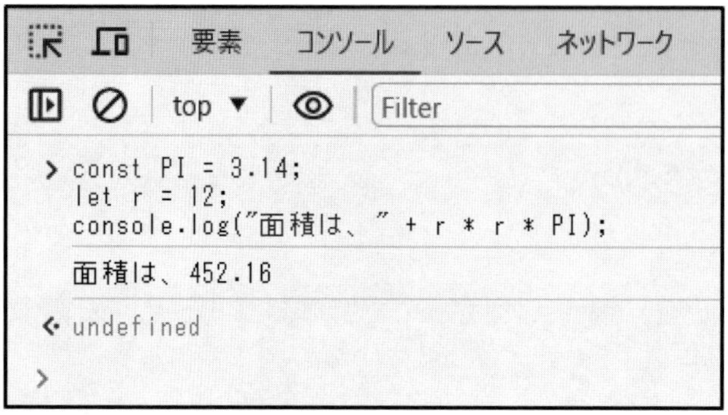

図2-9　実行すると面積が計算される。

これを実行すると、「面積は、452.16」と表示されます。ここでは、PIという定数を用意し、r * r * PIの結果を計算して表示しています。

このconsole.logの()部分は、ちょっと不思議な形をしていますね。こんな式が用意されています。

```
"面積は、" + r * r * PI
```

文字列が含まれている式ですが、+だけでなく*もあります。文字列は*で演算できませんでしたね。これは一体、どういうことでしょうか。

これは、「演算するときの優先順位」を考えるとわかります。足し算と掛け算があったなら、掛け算を先に行うのが四則演算の基本ルールでしたね。つまり、この式では最初に「r * r * PI」という部分が実行され、その結果と"面積は、"という文字列が+で結合されていたのです。

これじゃパッと見てもよくわからない、という人は、()をつけて書くとよくわかるでしょう。

```
"面積は、" + (r * r * PI)
```

これなら、()の部分を最初に計算してから、その結果と文字列をつなげていることがよくわかるでしょう。

2-2 Section 制御構文

制御構文

値と変数について一通り覚えたら、次は「制御構文」に進みましょう。

制御構文は、プログラムの処理の流れを制御するための構文です。必要に応じて異なる処理を実行したり、用意した処理を必要なだけ何度も繰り返したりするためのものです。制御構文を覚えることで、「最初から最後まで順番に実行しておしまい」といった単純なプログラムから一歩進んだ複雑なプログラムを作れるようになります。

では、JavaScriptにはどんな制御構文があるのかAIに聞いてみましょう。

リスト2-18 プロンプト

JavaScriptの制御構文にはどんなものがありますか。わかりやすく簡潔に説明して。

リスト2-19 応答

JavaScriptの制御構文には以下のようなものがあります。それぞれの構文について簡潔に説明します。

1. 条件分岐(if文)：
条件によってプログラムの流れを分岐させるための構文。
条件式が true の場合に指定されたブロックが実行される。

```
if (条件式) {
    // 条件式が true の場合に実行する処理
} else {
    // いずれの条件式も満たさない場合に実行する処理
}
```

……以下略……

ずらっと一通りの構文の使い方が出力されたことでしょう。しかし、一度にすべて書き出されても、まとめて全部覚えるのは大変です。1つずつ順番に理解していくことにしましょう。

基本の条件分岐「if文」

まず最初に覚えるのは「条件分岐」と呼ばれるものです。これは、一般に「if文」と呼ばれます。あらかじめ条件を設定しておくと、その条件の結果が正しいかどうかで異なる処理を実行できるようになっているのです。

このif文のもっともシンプルな書き方はこうなります。

```
if (条件式) {
  ……条件式が true の場合に実行する処理……
}
```

()に用意した条件となる式をチェックし、その値がtrueならばその後の{}の部分(「ブロック」といいます)を実行します。これがif文のもっとも基本的な形です。ということは、条件式というのは「式の結果が真偽値になるもの」だということがわかりますね。

真偽値というのは、前に登場しましたが、trueとfalseの2つの値しか持たない、二者択一の値でした。trueというのは、正しい状態を表すのに用いられます(もう1つのfalseは、間違った状態を表すのに使われます)。

では、「式の結果がtrueでなかった(falseだった)」という場合はどうなるのでしょうか。今の状態では、何も実行されませんね。けれど「falseだったときは別の処理を実行させたい」ということもあるでしょう。

そういうときは、{}(ブロック)の後に「else」というものを追加します。

```
if (条件式) {
  ……条件式が true の場合に実行する処理……

} else {
  ……条件式が false の場合に実行する処理……
}
```

これで、条件がfalseだとelseの後のブロックを実行するようになります。ここまでの書き方が、if文の基本といっていいでしょう。

1
Chapter 2
3
4
5
6
7

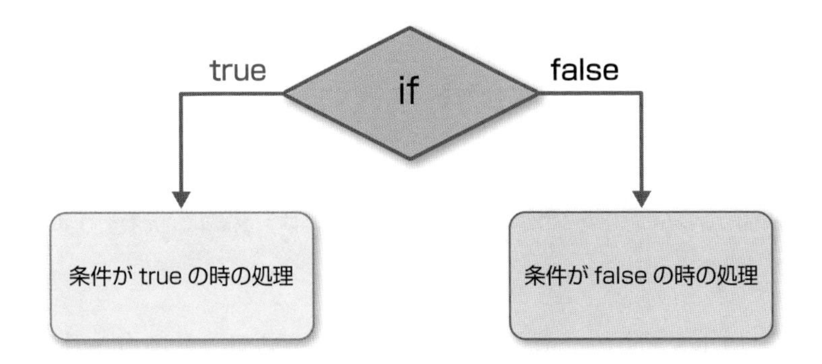

図2-10　if文は、条件がtrueかfalseかで異なる処理を実行する。

条件式に使えるもの

if文そのものは決して複雑なものではないのですが、「じゃあ、使ってみて」といわれても、すぐには使えないでしょう。それは、「条件式ってどう書けばいいかわからない」からです。真偽値となる式を用意すればいいのはわかりましたが、そもそも「結果が真偽値になる式」って、何でしょう？

これは、慣れてくればさまざまなものが使えることがわかってくるでしょうが、最初のうちは「値を比較する式」を使う、と覚えてしまってください。

2つの値を比較して、同じかどうか、どっちが大きいか小さいかといったことを調べるために、JavaScriptには「比較演算子」というものが用意されています。これは=!<>といった記号を使って2つの値を比較するものです。以下に整理しておきましょう（AとBの値を比較する形で記述してあります）。

▼比較演算子

A == B	AとBの値が等しいかどうか（5 == 5は true）
A === B	型も含めてAとBが等しいか（5 === "5"は false ）
A != B	Aとの値が等しくないかどうか（10 != 5は true）
A < B	AがBよりも小さいかどうか（5 < 10はtrue）
A <= B	AがBと等しいか小さいか（5 <= 5はtrue）
A > B	AがBよりも大きいかどうか（10 > 5はtrue）
A >= B	AがBと等しいか大きいか（10 >= 10はtrue）

この式を使って値を比較し、その結果をtrueかfalseかで処理を行うようにすれば良いのですね。

ifの利用例を試そう

では、ifを利用したサンプルを考えてみましょう。こうしたサンプルコードの作成も、AIの得意とするところです。ただし、質問の仕方をよく考える必要があります。

リスト2-20 プロンプト

> ifとelseを使った簡単なサンプルコードを3つ作成してください。コードは5行程度で、それぞれ100文字程度の説明文をつけてください。

このように質問をしました。「ifとelseを使った簡単なサンプルコード」を作らせています。またコードは5行程度とすることで、複雑なものが作られないようにします。AIにコードを作成させる場合、どういうコードを作るかをなるべく正確に指定しましょう。

リスト2-21 応答

1. 年齢判定:

```
let age = 18; // ☆
if (age >= 20) {
    console.log("成人です");
} else {
    console.log("未成年です");
}
```

年齢が20歳以上ならば"成人です"、未満ならば"未成年です"と表示する。

```
要素　コンソール　ソース　ネットワーク
top ▼　フィルタ
> let age = 18; // ☆
  if (age >= 20) {
      console.log("成人です");
  } else {
      console.log("未成年です");
  }
  未成年です
<· undefined
```

図2-11 コードを実行する。

2. 天気判定:

```
let isSunny = true; // ☆
if (isSunny) {
    console.log("晴れています");
```

```
} else {
    console.log("曇りや雨です");
}
```

天気が晴れている場合には"晴れています"、晴れていない場合には"曇りや雨です"と表示する。

```
要素  コンソール  ソース  ネットワーク
top ▼  フィルタ
> let isSunny = true; // ☆
  if (isSunny) {
      console.log("晴れています");
  } else {
      console.log("曇りや雨です");
  }
晴れています
<· undefined
```

図2-12 コードを実行する。

3. パスワード認証：

```
let password = "password123"; // ☆
let input = "password123";
if (input === password) {
    console.log("パスワードが正しいです");
} else {
    console.log("パスワードが間違っています");
}
```

入力されたパスワードが正しい場合には"パスワードが正しいです"、間違っている場合には"パスワードが間違っています"と表示する。

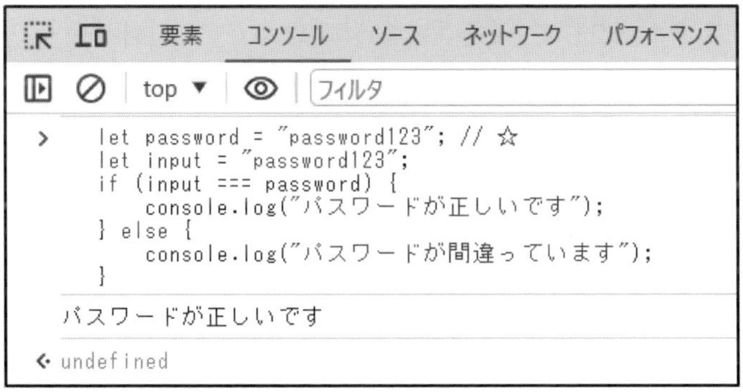

```
要素  コンソール  ソース  ネットワーク  パフォーマンス
top ▼  フィルタ
> let password = "password123"; // ☆
  let input = "password123";
  if (input === password) {
      console.log("パスワードが正しいです");
  } else {
      console.log("パスワードが間違っています");
  }
パスワードが正しいです
<· undefined
```

図2-13 コードを実行する。

それぞれ、あらかじめ用意してある値をチェックして、それをもとにifでメッセージを表示する、といったものですね。3つ作成させたので、これらをコピーし、コンソールにペーストして実行してみましょう。そして結果を確認したら、各リストの1行目にある☆マークの値を別のものに書き換えて試してみてください。いろいろと値を変更して試すことで、ifの働きがわかるようになります。

コラム サンプルコードを再実行するとエラーになる？ Column

作成されたサンプルコードを、少し書き換えてもう一度コンソールにペーストして実行させると、「Uncaught SyntaxError: redeclaration of let ○○」というエラーのようなものが出てしまった人はいませんか。Firefoxを使っていると、このエラーが発生するでしょう。

これは、既に宣言されている変数を再び宣言して作ろうとしたためです。コンソールでは、実行して作成された変数などをすべてメモリに記憶しています。このため、既にある変数をletで宣言しようとすると「その変数はもう宣言されているよ」とエラーになるのです。

このような場合は、コンソールを開いているWebページをリロードしてください。これで、実行した内容がすべてクリアされ、メモリにあった変数などもすべて消えて初期状態に戻ります。

ifの働きを確認する

たとえば、1つ目のサンプルコードを見てみましょう。ここでは、まず最初にageという変数を用意してあります。

```
let age = 18;
```

このageの値がいくつかをチェックして、20以上ならば「成人です。」とメッセージを表示させます。

```
if (age >= 20) {
    console.log("成人です");
}
```

条件に age >= 20 という式が指定されているのがわかるでしょう。これで、ageの値が20と等しいかそれより大きければ結果はtrueとなり、条件式の後のブロックにあるconsole.log("成人です"); が実行されます。

式の結果がfalseだった場合はその後のelseの後にあるブロックが実行されます。

```
else {
    console.log("未成年です");
}
```

if文の働きがわかってきましたか？　サンプルのコードを実行すると、「未成年です」と表示されたはずです。表示を確認したら、最初のlet age = 18;の数字を20以上(たとえば、30など)に書き換えて実行してみましょう。すると今度は「成人です」と表示されます。ageの値によって、実行される処理が変わっているのがわかりますね。

基本の繰り返し「while」

条件分岐と並んで用意されている制御構文が「繰り返し」です。これは、指定した処理を何度も繰り返し実行するためのものです。

繰り返しの構文は大きく2種類のものが用意されていますが、まずは使い方の簡単な「while」という構文から見ていきましょう。まずはAIに簡単に説明してもらいます。

リスト2-22 プロンプト

```
while文について簡潔にわかりやすく説明して。
```

リスト2-23 応答

while文は、特定の条件がtrueである限り、ブロック内の文を繰り返し実行する制御構造です。

基本的な構文は以下の通りです：

```
while (条件式) {
    // 条件式が true の間、繰り返し実行する文
}
```

while文の挙動は以下のようになります：

1. 条件式の評価:
最初に、条件式が評価されます。条件式が true であれば、ブロック内の文が実行されます。条件式が false であれば、ループを抜けて次の文が実行されます。

2. ブロック内の文の実行:
条件式が true の場合、ブロック内の文が実行されます。文が実行された後、再度条件式が評価されます。

1
Chapter 2
3
4
5
6
7

> **3. 条件式の再評価:**
> ブロック内の文が実行された後、再度条件式が評価されます。条件式が true の場合は再度ブロック内の文が実行され、false の場合はループを抜けます。
>
> このように、while文は条件式が true の間、繰り返し実行されます。条件式が false になるか、ループ内で明示的に break 文が実行されるまでループが続きます。
>
> while文は繰り返し回数が不明な場合や、条件が変化する場合に便利です。ただし、条件が常に true となり無限ループに陥る可能性があるため、条件の更新や break 文の利用に注意する必要があります。

while文は、書き方はとてもシンプルです。while、条件式、実行するブロックの3つがあるだけです。これを以下のように記述していきます。

```
while (条件式) {
    ……条件がtrueの間、繰り返し実行する文……
}
```


このwhile文は、実行するとまず条件をチェックします。これがtrueならば、その後のブロックを実行します。そして実行し終わると、また条件のところに戻ってくるのです。そして再び条件をチェックし、結果がtrueならその後のブロックを実行し、また条件に戻って……というように、条件がtrueの間、ひたすら「条件をチェックしてブロックを実行」という作業を繰り返し続けるのです。条件がfalseになったら、構文を抜けてその後の文に進みます。

条件がtrueである間、ひたすら同じ処理を繰り返し続ける。これがwhile文です。

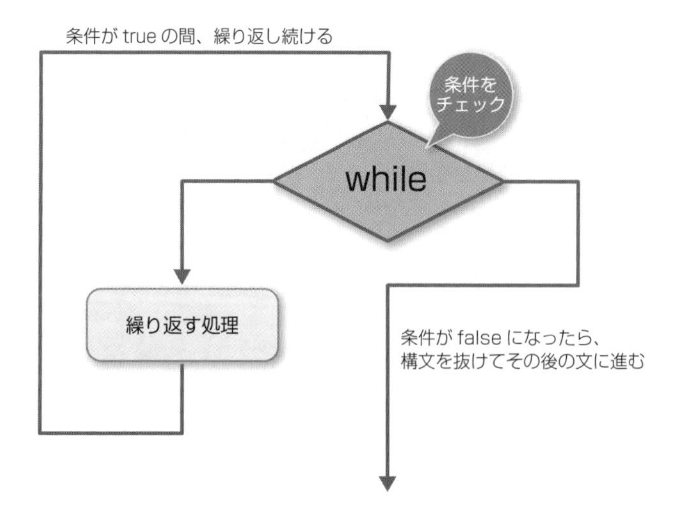

図2-14 whileは、条件がtrueの間、用意した処理を繰り返し実行する。

whileの利用例を試そう

では、while文を使ったサンプルコードを見てみましょう。これもAIを使って3つのサンプルを作成してみます。

リスト2-24 プロンプト

whileを使った簡単なサンプルコードを3つ作ってください。コードは5行以内、それぞれ100文字程度の簡単な説明をつけてください。

リスト2-25 応答

1. カウントアップ:

```
let count = 1;
while (count <= 5) {
    console.log(count);
    count++;
}
```

1から5までの数値を順番に表示する。

```
要素　コンソール　ソース
top ▼　フィルタ
> let count = 1;
  while (count <= 5) {
      console.log(count);
      count++;
  }
  1
  2
  3
  4
  5
```

図2-15 コードを実行する。

2. 偶数のみ表示:

```
let num = 1;
while (num <= 10) {
    if (num % 2 === 0) {
        console.log(num);
    }
    num++;
}
```

1から10までの数値のうち、偶数のみを表示する。

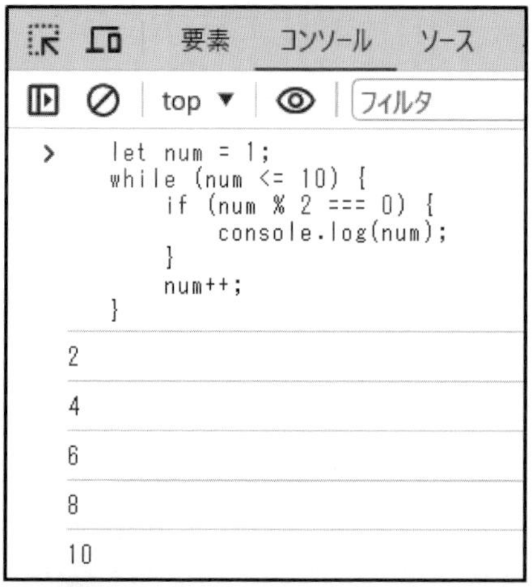

要素　コンソール　ソース
top ▼　フィルタ

```
> let num = 1;
  while (num <= 10) {
      if (num % 2 === 0) {
          console.log(num);
      }
      num++;
  }
2
4
6
8
10
```

図2-16　コードを実行する。

3. 無限ループの防止:

```
let num = 1;
while (num <= 10) {
    console.log(num);
    if (num === 5) {
        break;  // ループを抜ける
    }
    num++;
}
```

1から10までの数値を表示し、5になったらループを抜ける。

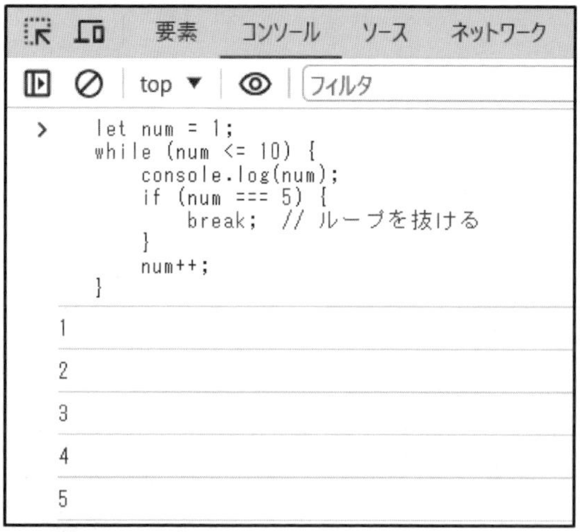

要素　コンソール　ソース　ネットワーク
top ▼　フィルタ

```
> let num = 1;
  while (num <= 10) {
      console.log(num);
      if (num === 5) {
          break;  // ループを抜ける
      }
      num++;
  }
1
2
3
4
5
```

図2-17　コードを実行する。

3つのコードが作成されました。それぞれコピーしてコンソールにペーストし、Enterで実行してみましょう。繰り返しを使って値がいくつも出力されるのがわかります。

1つ目のサンプルコード

whileの働きを確認するために、1つ目のサンプルコードを見てみましょう。ここでは、まずcountという変数を用意しています。

```
let count = 1;
```

これが、数字をカウントするための変数ですね。whileで、この数字が5になるまで繰り返し処理を行わせます。

```
while (count <= 5) {……
```

条件には、count <= 5と式が設定されています。これで、変数countの値が5以下ならばブロックを実行することになります。実行しているブロックには以下の処理が用意されています。

```
console.log(count);
count++;
```

console.logで、countの値を表示します。そしてその後に、count++;というものを実行していますね。この「++」という記号は「インクリメント演算子」といって、変数の値を1増やすものです。同様のものに、変数の値を1減らす「--」(デクリメント演算子)というものもあります。結構便利なので、覚えておくといいでしょう。

これで、whileの後のブロックを実行すると、「countを表示し、countを1増やす」という処理が実行されることになります。ということは、ブロックが実行されるごとにcountの値が1ずつ増えていくことになります。そして5になるまで繰り返し実行し、6になったら(5を超えたら)構文を抜けて次に進んでプログラムを終了するようになるのです。

2つ目のサンプルコード

もう1つ、ちょっと複雑な処理を行っている2番目のコード(偶数のみ表示)も見てみましょう。ここでは、まず変数numを用意していますね。

```
let num = 1;
```

そしてwhile文を用意し、このnumの値が10以内の間、繰り返しを続けるように条件を設定します。

```
while (num <= 10) {……
```

これで条件が設定できました。numの値が10以下の間、その後のブロックを実行します。ではブロックで実行している処理を見てみましょう。

```
if (num % 2 === 0) {
    console.log(num);
}
num++;
```

ブロックの中に、更にif文が用意されていますね。この条件には、num % 2 === 0 という文が書かれています。num % 2は、numを2で割った余りを計算するものですね。

つまり、この式は「numを2で割った余りがゼロかどうか」をチェックしていたのです。ゼロならば、numの値は偶数だと判断できます。その場合だけconsole.logでnumの値を表示していたのですね。

より高度な条件分岐「switch」

これで条件分岐と繰り返しの一番基本的な構文が使えるようになりました。これだけでも、もうそれなりに複雑なコードを作成できるはずです。が、この他にもまだ条件分岐と繰り返しの構文があるので、それらも「応用編」として紹介しておきましょう。

それは、条件分岐の構文「switch」です。これはifのように二者択一ではなく、もっとたくさんの分岐処理を作成したいときに使います。では、AIに説明してもらいましょう。

リスト2-26 プロンプト

switch文の使い方をわかりやすく簡潔にまとめて説明して。

リスト2-27 応答

switch文は、プログラム内である式の値に応じて、複数の条件分岐を行うための制御構文です。以下に、switch文の基本的な使い方を簡潔に説明します。

1. 基本構文:

```
switch (式) {
    case 値1:
```

```
            // 値1と一致する場合に実行する処理
            break;
        case 値2:
            // 値2と一致する場合に実行する処理
            break;
        // 必要なだけcaseを追加できる
        default:
            // どのcaseにも一致しない場合に実行する処理
            break;
    }
```

式の値に応じて、該当するcase節の処理が実行されます。一致するcase節がない場合は、default節の処理が実行されます。

2. break文の使用:
各case節の最後にはbreak文を記述します。これによって、該当するcase節の処理が実行された後、switch文から抜け出します。break文がないと、次のcase節やdefault節の処理が続けて実行されます。

3. fall-through:
特定のcase節でbreak文を省略することで、fall-throughと呼ばれる挙動を実現できます。これによって、1つのcase節で複数の値に対する処理をまとめることができます。

4. 式の評価:
式の値がcase節の値と一致するかどうかは、厳密な等価性(===)によって判定されます。したがって、値の比較は型も含めて行われます。

switch文は、特定の値に対する条件分岐を行う際に利用されます。複数の条件によって処理を分岐する場合や、値に応じた処理を簡潔に記述する場合に便利です。

switch文は、if文などに比べるとかなり複雑な構造をしています。この構文は、ある値を調べて、その値のラベルのところにジャンプする働きをします。

switchの後にある()に変数や式などの条件となるものを用意しておきます。構文が実行されると、条件となる値をチェックし、その後に用意されている「case ○○:」というラベルの中から同じ値のものを探します。もし、同じ値のcaseが見つかったら、そこにジャンプしてその後にある処理を実行します。同じ値のcaseがなかったら、最後にあるdefaultというところにジャンプして処理を実行します。

非常に重要なのは、「switchは、caseにジャンプするだけで、そこから抜け出す働きはない」という点です。したがって、「ここまで実行したら、switchの構文を抜けて次に進んでね」というのをプログラマが用意してやらないといけないのです。

それが「break;」というキーワードです。それぞれのcaseに用意する処理は、最後に必ずbreak;をつけて終わるのが基本と考えてください。

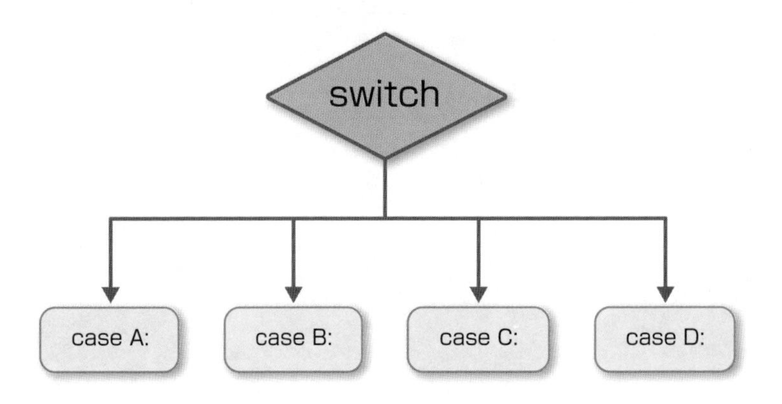

図2-18 switchは条件の値をチェックし、合致するcaseを実行する。

switch文の利用例を試そう

では、これもAIでサンプルコードを作って試してみましょう。switch文は長くなりがちなので、2つ作成させてみます。

リスト2-28 プロンプト

switchを使った簡単なサンプルコードを2つ作ってください。caseの数は2～3個、全体で10行以内にまとめてください。コードの後には100文字程度の説明をつけてください。

リスト2-29 応答

1. 季節判定:

```
let month = 3;  //☆
switch (month) {
    case 3:
    case 4:
    case 5:
        console.log("春です");
        break;
    case 6:
    case 7:
    case 8:
        console.log("夏です");
        break;
    case 9:
    case 10:
    case 11:
        console.log("秋です");
```

```
        break;
    case 12:
    case 1:
    case 2:
        console.log("冬です");
        break;
    default:
        console.log("月が不正です");
}
```

月に応じて季節を表示する。月ごとに分岐している。

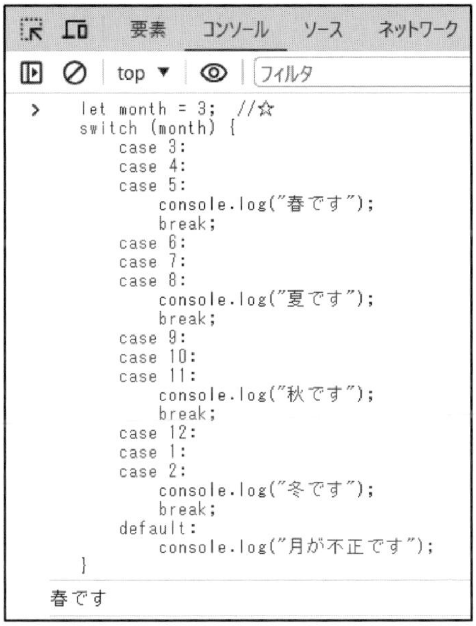

要素 コンソール ソース ネットワーク

top ▼ フィルタ

```
> let month = 3;  //☆
  switch (month) {
      case 3:
      case 4:
      case 5:
          console.log("春です");
          break;
      case 6:
      case 7:
      case 8:
          console.log("夏です");
          break;
      case 9:
      case 10:
      case 11:
          console.log("秋です");
          break;
      case 12:
      case 1:
      case 2:
          console.log("冬です");
          break;
      default:
          console.log("月が不正です");
  }
  春です
```

図2-19 コードを実行する。

2. 評価判定：

```
let rating = "B";  //☆
switch (rating) {
    case "A":
    case "B":
        console.log("優良です");
        break;
    case "C":
        console.log("普通です");
        break;
    case "D":
    case "E":
```

1
Chapter 2
3
4
5
6
7

```
            console.log("改善が必要です");
            break;
        default:
            console.log("評価が不正です");
    }
```

評価を基準に優良、普通、改善が必要かを表示する。評価判定をswitch文で行っている。

```
要素　コンソール　ソース　ネットワーク
top ▼　フィルタ
> let rating = "B";  //☆
  switch (rating) {
      case "A":
      case "B":
          console.log("優良です");
          break;
      case "C":
          console.log("普通です");
          break;
      case "D":
      case "E":
          console.log("改善が必要です");
          break;
      default:
          console.log("評価が不正です");
  }
  優良です
```

図2-20　コードを実行する。

「caseの数は2～3個、全体で10行以内」と指定しましたが、もっと複雑なサンプルが作成されました。まぁ、switch文以外は特に難しいことはしていないので、これで良しとしましょう。実際にコードをコピーし、コンソールで実行してみてください。動作を確認したら、☆マークの値をいろいろと書き換えて試してみましょう。

switchの働きを確認する

今回作成された2つのサンプルは、おそらく皆さんの想像していたようなものとは少し違っていることでしょう。caseがいくつも並んでいて、「一体、これはどういうことだ？」と思ったかも知れません。まぁ、慌てないで。

とりあえず、1つ目のサンプルコードを例に説明をしていきましょう。これは、monthという変数の値をチェックし、春・夏・秋・冬の季節を表示するものですね。まず最初にmonth変数を用意しておきます。

```
let month = 3;  //☆
```

そして、switch文を使い、monthの値をチェックして構文を作成します。ここまではわかりますね。

```
switch (month) {……
```

この中に、季節ごとに処理を分けるためのcaseが用意されます。では、「春」の処理を行っている部分を見てみましょう。

```
case 3:
case 4:
case 5:
    console.log("春です");
    break;
```

これが、「春」の処理です。caseが3つも並んでいますね。「case 3:とcase 4:は何もしないのか。case 5:だけ処理を用意するのか？」と疑問に思ったかも知れません。

switch文の働きをよく思い出してください。switchは、()の条件の値をチェックし、その値のcaseにジャンプするものです。そう、「ジャンプするだけ」の構文なのです。

monthの値が3ならばcase 3:にジャンプします。4ならばcase 4:にジャンプします。5の場合は、case 5:にジャンプします。そして、ジャンプした後にある処理を実行し、break;で構文を抜けます。

わかりますか？　case 3:でも、case 4:でも、case 5:でも、そこにジャンプしたら、その後にある処理を実行するのです。case 3:の後には、case 4:、case 5:とラベルがあって、その後にconsole.log("春です");という文があります。これを実行するのです。そしてbreak;で構文を抜けます。case 4:にジャンプしても、case 5:にジャンプしても同じです。その下にある処理を実行し、break;で抜ける。それだけです。「case 3:の後になにもないから、case 4:の前に構文を抜ける」なんてことはありません。break;に出会うまで、ひたすら下にある処理を実行し続けるのです。

（この「いくつものcaseを用意しておくと全部そこにジャンプして同じ処理を実行する」というのが、先ほどのAIの応答にあった「fall-through」というものです）

まだ、働きがよく飲み込めないという人は、コードを少し書き換えて以下のようにしてみると、だいぶ働きがわかりやすくなるでしょう。

リスト2-30

```
let month = 3;  //☆
switch (month) {
    case 3: case 4: case 5:
        console.log("春です");
        break;
    case 6: case 7: case 8:
        console.log("夏です");
```

```
            break;
    case 9: case 10: case 11:
            console.log("秋です");
            break;
    case 12: case 1: case 2:
            console.log("冬です");
            break;
    default:
            console.log("月が不正です");
}
```

これなら、一目瞭然ですね。case 3: case 4: case 5:のときは「春です」と表示する、というのがよくわかるでしょう。「case ○○:」というのは、ジャンプ先を示すただのラベルなのです。case 3: case 4: case 5:というのは「ラベルが3枚、まとめて貼ってある」というだけなのですね。

より高度な繰り返し「for」

続いて、繰り返しです。繰り返しにも、whileよりも高度な処理を行う構文があります。それは「for」というものです。

これもちょっとわかりにくいので、AIに説明してもらいましょう。

リスト2-31 プロンプト

for文について、簡単にわかりやすく説明して。

リスト2-32 応答

for文は、特定の条件を満たす間、ブロック内の文を繰り返し実行する制御構文です。主に、繰り返し回数が明確な場合に使用されます。

基本的な構文は以下の通りです：

```
for (初期化式; 条件式; 更新式) {
    // 条件式が true の間、繰り返し実行する文
}
```

for文の挙動は以下のようになります：

1. 初期化式:
最初に、初期化式が1回だけ実行されます。通常、ループ変数を初期化するために使われます。

2. 条件式の評価:
毎回のループの前に、条件式が評価されます。条件式が true であれば、ブロック内の文が実行されます。条件式が false であれば、ループを抜けて次の文が実行されます。

3. ブロック内の文の実行:
条件式が true の場合、ブロック内の文が実行されます。文が実行された後、更新式が実行されます。

4. 更新式:
更新式が実行された後、再度条件式が評価されます。このサイクルが繰り返されます。

このように、for文は条件式が true の間、繰り返し実行されます。条件式が false になるか、ループ内で明示的に break 文が実行されるまでループが続きます。

これは、かなり難しそうですね。forの後に()があり、この中に初期化式・条件式・更新式という3つの式が用意されています。説明を読んでも、一体何をどう行っているのかよくわからないかも知れません。

とりあえず、forに慣れないうちは、この構文は次のように書くと覚えてしまってください。

```
for ( let 変数 = 初期値; 変数 < 終了する値; 変数++)
```

2番目の条件式は<ではなくて<=を使うこともあります。これで、変数が初期値から1ずつ増えていき、終了する値になったら構文を抜ける、というforが出来上がります。最後にある「変数++」というのは、変数名の後に++を付けるもので、これで変数の値を1増やします。

まずは、この書き方を覚えて、forの働きをしっかりと理解しましょう。基本の書き方がわかれば、少しずつそれ以外の使い方もできるようになりますから。

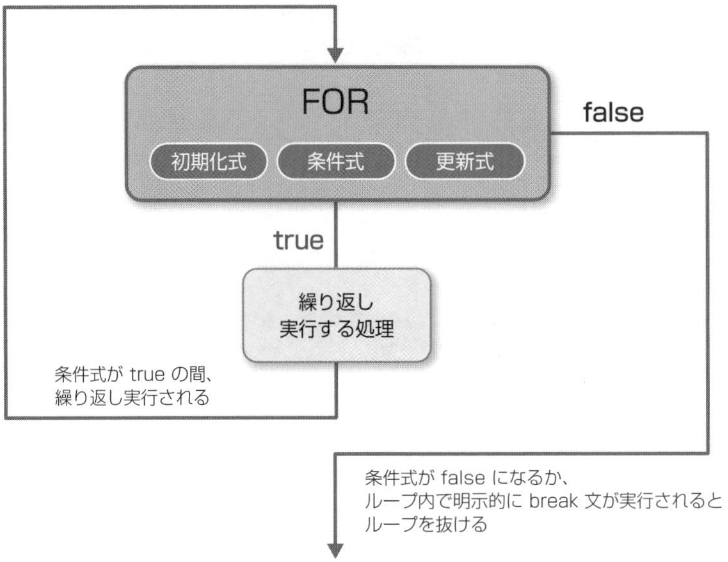

FOR
初期化式 条件式 更新式
false
true
繰り返し
実行する処理
条件式が true の間、
繰り返し実行される
条件式が false になるか、
ループ内で明示的に break 文が実行されると
ループを抜ける

図2-21 forは3つの文を組み合わせて繰り返しを行う。

サンプルコードを試そう

では、これもサンプルコードを作成して試してみましょう。今回も2つのサンプルを作成してみました。

リスト2-33 プロンプト

forを使った簡単なサンプルコードを2つ作って。コードは5行前後、それぞれ100文字程度の説明をつけて。

リスト2-34 応答

```
// 1から5までの数値を順番に表示する
for (let i = 1; i <= 5; i++) {
    console.log(i);
}
```

変数 i を使って1から5までの数値を順番に表示する。ループ変数 i は初期化され、条件式が満たされる間繰り返し実行される。

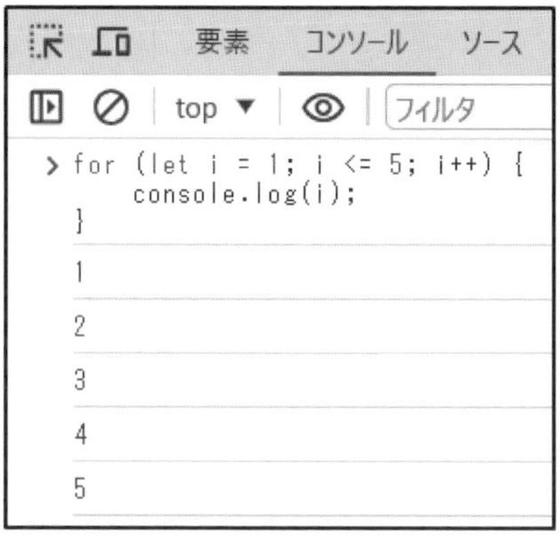

要素　コンソール　ソース

top ▼　フィルタ

```
> for (let i = 1; i <= 5; i++) {
      console.log(i);
  }
  1
  2
  3
  4
  5
```

図2-22　コードを実行する。

```
// 偶数の数値を2から10まで表示する
for (let i = 2; i <= 10; i++) {
    if (i % 2 == 0) {
        console.log(i);
    }
}
```

2から10までの偶数の数値を順番に表示する。ブロック内でif文を使い、ループ変数 i が2で割り切れる場合のみconsole.logで表示する。

要素　コンソール　ソース

top ▼　フィルタ

```
> for (let i = 2; i <= 10; i++) {
      if (i % 2 == 0) {
          console.log(i);
      }
  }
  2
  4
  6
  8
  10
```

図2-23　コードを実行する。

中には、もっと複雑なサンプルコードが生成された人もいることでしょう。forは、数字をカウントして繰り返すだけでなく、配列という多数の値を管理するものを利用するのに使われます。こうしたサンプルが生成された人は、もう少し後で説明する配列の働きなどがわかればちゃんと理解できるようになりますから、しばらく脇においておきましょう。

forの働きを確認する

では、シンプルな1つ目のサンプルコードを見てみましょう。これは1から5までの数字を順に表示するものでしたね。このfor文は以下のようになっていました。

```
for (let i = 1; i <= 5; i++) {……
```

最初に変数「i」というものを作成し、1を代入していますね。そして「i <= 5」という条件をチェックし、これがtrueならば(つまりiの値が5以下ならば)その後のブロックを実行します。そして実行後に「i++」を実行してiの値を1増やしています。

これを繰り返していくと、最初にiの値は1で始まり、繰り返すごとに2，3，4，5と増えていきます。そして6になると、i <= 5の条件がfalseになり、構文を抜けて次に進みます。つまり、iの値が1，2，3，4，5と5回の繰り返しを実行するわけです。

このように、forは最初の初期化式で作成した変数の値が繰り返すごとに更新されながら実行されていきます。forの初期化式と条件式の値をいろいろと変更して試してみると、働きがよくわかるでしょう。

2-3 Section 配列の利用

たくさんの値を扱う「配列」

制御構文について一通り理解したところで、改めて「値」に立ち返ることにしましょう。既に値の基本は説明済みですね。値にはさまざまな種類があること、それぞれで書き方や計算の仕方が違うことなども説明しました。

しかし、ここまで説明した値は、基本的にすべて「1つの値」だけでした。変数を使う場合も、1つの変数には1つの値をいれるだけです。では、多量のデータを処理するような場合は、一体どうやって扱えば良いのでしょうか。データの数だけ変数を作って保管する？　じゃあ、100万個のデータがある場合は、100万個の変数を作るんですか？　そのためのコードを手書きで書く？　まさか。

そんなこと、やってられるわけがありません。こうした大量のデータを扱うためには、「たくさんの値をひとまとめにして扱える仕組み」が必要です。たとえば、ある1つのものの中に、いくらでも値を詰め込んでおけるような仕組み。10個でも100個でも100万個でも、好きなだけ値を放り込んでおけるような仕組みです。

こうした「多量の値をまとめて扱う」ためにJavaScriptに用意されているのが、「配列」です。

配列ってどんなもの？

配列は、たくさんの値をまとめて扱うためのものです。この配列は、どういうものなのかAIに聞いてみましょう。

リスト2-35 プロンプト

```
配列についてわかりやすく簡潔に説明して。
```

リスト2-36 応答

```
配列(Array)は、複数の値を1つの変数にまとめて格納するデータ構造です。配列は、同じ型の要素を順番に並べて保持することができます。
```

以下に、配列の特徴を簡潔に説明します：

1. 複数の要素を1つの変数に格納:
配列を使うことで、複数の値を1つの変数にまとめて管理できます。これにより、関連するデータを効率的に扱うことができます。

2. 要素の順序が重要:
配列では、要素が追加された順序が維持されます。これにより、データの順序に意味がある場合や、順番にアクセスする必要がある場合に便利です。

3. 要素にはインデックスでアクセス:
配列の各要素には、0から始まるインデックスが割り当てられます。このインデックスを使って、特定の要素にアクセスしたり、値を変更したりすることができます。

4. 異なる型の要素を格納できる:
JavaScriptでは、配列内に異なる型の要素を格納することができます。つまり、文字列、数値、真偽値、オブジェクト、さらには他の配列など、さまざまな種類の要素を含めることができます。

5. 可変長:
配列は可変長です。つまり、必要に応じて要素を追加したり、削除したりすることができます。これにより、動的なデータの管理が可能になります。

いろいろな性質があることがわかりましたね。単に複数の値を保管するだけでなく、「インデックス」という番号を使って、保管している値を順番付けして管理しているのですね。そして、このインデックスを利用して、特定の要素を取り出したり変更したりできる、ということです。また、種類の異なる値をまとめて保管したり、必要に応じてどんどん値を追加して増やしたりもできるようです。

まぁ、こうした特徴は、実際に使っていくうちにだんだんとわかってきますから、今は理解する必要はありません。「配列ってこういうものらしい」という漠然としたイメージがわかれば十分ですよ。

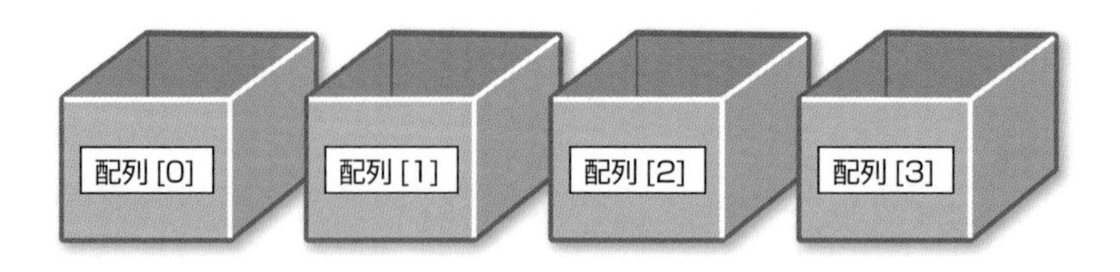

図2-24 配列は、たくさんの値を順番に並べて保管する。

配列を利用する

では、実際に配列の使い方を説明していきましょう。配列も値の仲間ですから、まずは「どうやって配列という値を作成するか」をわかってないといけません。配列の値の書き方から説明してもらいましょう。

リスト2-37 プロンプト

配列の作成について簡単に説明してください。

リスト2-38 応答

配列の作成：
JavaScriptでは、配列の値は、角括弧 `[ ]` を使って作成します。具体的な手順は以下の通りです。

1. 角括弧 `[ ]` を使って配列を定義します。
2. 配列内に含める要素をコンマ `,` で区切って列挙します。

たとえば、色の配列を作成する場合、次のようにします。

```
let colors = ["赤", "青", "黄"];
```

これにより、変数 `colors` に3つの色が含まれた配列が作成されます。各要素は、引用符で囲まれた文字列で表されます。必要に応じて、配列には異なる型の要素を含めることもできます。

配列は、[]を使って複数の値をひとまとめにして書くのですね。["赤", "青", "黄"]とすれば、3つの値を持つ配列が作成できる、というわけです。基本的な書き方は、割と簡単そうですね。

1 Chapter 2 3 4 5 6 7

配列の要素へのアクセス

では、作成した配列に保管されている値を取り出したり、配列の値を変更したり、新たに値を付け足したりするにはどうすれば良いのでしょうか。これも質問してみましょう。

リスト2-39 プロンプト

配列に保管されている値を取り出したり変更したりする方法を説明して。

リスト2-40 応答

配列から要素を取り出したり変更したりする方法を説明します。

1. 要素の取得:
配列の特定の要素にアクセスするには、角括弧 `[ ]` 内に対応する要素のインデックスを指定します。たとえば、`colors[0]` は配列 `colors` の最初の要素を取得します。

```
let colors = ["赤", "青", "黄"];
console.log(colors[0]); // 出力: "赤"
```

要素　コンソール　ソース　ネットワーク
top ▼　フィルタ

```
> let colors = ["赤", "青", "黄"];
  console.log(colors[0]);
  赤
<· undefined
>
```

図2-25　コードを実行する。

1
Chapter 2
3
4
5
6
7

2. 要素の変更:
配列の特定の要素を変更するには、その要素に対応するインデックスを使って代入を行います。たとえば、`colors[1] = "緑";` は配列 `colors` の2番目の要素を "緑" に変更します。

```
let colors = ["赤", "青", "黄"];
colors[1] = "緑";
console.log(colors); // 出力: ["赤", "緑", "黄"]
```

図2-26　コードを実行する。

3. 配列の長さを超える要素の変更:
インデックスが配列の長さより大きい場合、新しい要素が追加されます。たとえば、`colors[3] = "紫";` は配列 `colors` の最後に "紫" を追加します。

```
let colors = ["赤", "青", "黄"];
colors[3] = "紫";
console.log(colors); // 出力: ["赤", "青", "黄", "紫"]
```

```
要素　コンソール　ソース　ネットワーク
top ▼　フィルタ
> let colors = ["赤", "青", "黄"];
  colors[3] = "紫";
  console.log(colors);
  ▶ (4) ['赤', '青', '黄', '紫']
<· undefined
>
```

図2-27　コードを実行する。

配列の要素には、文字列、数値、真偽値、オブジェクトなど、さまざまな型の値を格納できます。必要に応じて、要素の取得や変更を行って配列を操作します。

配列に保管されている値(要素)の読み書きの仕方がわかってきました。配列内の値は、「配列[番号]」という形でインデックスを指定してアクセスするのですね。
注意したいのは、「インデックスは、ゼロから始まる」という点です。たとえば、最初のサンプルコードでこのように配列を作成しました。

```
let colors = ["赤", "青", "黄"];
```

このとき、最初の"赤"という値は、colors[0]になります。colors[1]ではありません。最後の"黄"という値は、colors[2]になります。3個の値がある配列のインデックスは、0～2になるのです。1～3ではありません。くれぐれも間違えないように！

要素の追加と削除

配列に、インデックスを指定して値を追加するというやり方は既にわかりました。たとえば、colors[3] = "紫"; とすれば、最初から4番目に「紫」の値を追加できるのですね。
では、配列の「最後に値を追加する」というのはどうするのでしょう。あるいは、逆に「最初に追加する」というのは？　また要素を削除する方法は？　こうした「値の追加と削除」について考えてみましょう。

リスト2-41 プロンプト

配列の最初や最後に値を追加するには？　また配列の要素を削除するには？

リスト2-42 応答

配列の最初や最後に値を追加する方法と、配列の要素を削除する方法を説明します。

1. 配列の最後に値を追加する:
`push()` メソッドを使用します。これにより、指定した値が配列の最後に追加されます。

```
let colors = ["赤", "青", "黄"];
colors.push("緑");
console.log(colors); // 出力: ["赤", "青", "黄", "緑"]
```

図2-28　コードを実行する。

2. 配列の最初に値を追加する:
`unshift()` メソッドを使用します。これにより、指定した値が配列の最初に追加されます。

```
let colors = ["青", "黄"];
colors.unshift("赤");
console.log(colors); // 出力: ["赤", "青", "黄"]
```

図2-29　コードを実行する。

3. 配列の最後の要素を削除する:
`pop()` メソッドを使用します。これにより、配列から最後の要素が削除されます。

```
let colors = ["赤", "青", "黄"];
```

```
colors.pop();
console.log(colors); // 出力: ["赤", "青"]
```

要素 コンソール ソース ネットワ
top ▼ フィルタ

```
> let colors = ["赤", "青", "黄"];
  colors.pop();
  console.log(colors);
▶ (2) ['赤', '青']
```

図2-30 コードを実行する。

4. 配列の最初の要素を削除する:
`shift()` メソッドを使用します。これにより、配列から最初の要素が削除されます。

```
let colors = ["赤", "青", "黄"];
colors.shift();
console.log(colors); // 出力: ["青", "黄"]
```

これらのメソッドを使用することで、配列の操作が容易になります。配列の最初や最後に要素を追加したり、要素を削除したりすることで、データを効果的に管理できます。

図2-31 コードを実行する。

配列の最後に値を出し入れするには「push」「pop」というものを使い、最初に値を出し入れするには「unshift」「shift」を使う、ということですね。

これらは「メソッド」と呼ばれるものです。メソッドは、配列などさまざまな「モノ」の中にある機能で、これを呼び出すことでその「モノ」を操作できます。

（このあたりのことは、もう少し後で「オブジェクト」についての説明で改めて触れます。今は「配列からメソッドというものを呼び出すと、配列を操作できるらしい」ということだけわかれば十分です）

配列の繰り返し処理

配列は、保管した値から特定のものだけ取り出して利用する、ということはそれほど多くはないでしょう。それよりも多いのが、「保管しているすべての要素について同じ処理をする」といったことです。特に、データ処理などでは、配列にあるすべての要素について同じ計算をしたりすることがよくあります。

こうしたときのために、配列のすべての要素を順に処理する方法を知っておかないといけません。これには、さまざまな方法があります。AIに質問してみましょう。

リスト2-43 プロンプト

配列のすべての要素に処理を行う方法について簡潔に説明してください。

リスト2-44 応答

配列のすべての要素に処理を行う方法として、以下の2つの方法があります。

1. forループを使用する:
forループを使用して、配列の各要素に順番にアクセスし、処理を行います。ループ変数を使って配列のインデックスを管理し、各要素にアクセスします。

```
let colors = ["赤", "青", "黄"];

for (let i = 0; i < colors.length; i++) {
    console.log(colors[i]);
}
```

1
Chapter 2
3
4
5
6
7

この他にも、おそらくいくつかの方法がずらっと表示されたことでしょう。わかりやすいものから順番に説明していきましょう。

まず、誰もが思い浮かべるのは「for文を使った処理」でしょう。配列はインデックスで値を管理しています。ですから、for文を使って配列から順に値を取り出して処理していけば良いのですね。

サンプルとして表示されたコードを見てみましょう。ここでは、以下のようにして繰り返しを実行しています。

```
for (let i = 0; i < colors.length; i++) {……
```

「colors.length」というのは、配列colorsに保管されている要素の数を得るものです。配列にある「length」というもの（プロパティと呼ばれます）で、いくつの値が保管されているのかがわかります。これを使い、ゼロから要素数の手前まで繰り返し処理をすれば良いのです。forのブロックでは、colors[i]というようにして配列から指定した番号の値を取り出していきます。

配列のためのfor文

このように、既に説明済みのfor文とは別に、配列のために用意されている特殊なfor分というものも実はあります。それは「for of」と呼ばれるものです。先ほどAIに配列の全要素の処理について質問したとき、このfor ofについても以下のように回答がされました。

リスト2-45 応答(続き)

2. for...ofを使用する:
`for...of` 文は、反復可能なオブジェクト(配列、文字列、Map、Setなど)の各要素に対して繰り返し処理を行うために使用されます。この文は、反復可能なオブジェクトの値に対して直接処理を行います。通常、配列の要素を処理する場合に使用されます。

```
let colors = ["赤", "青", "黄"];

for (let color of colors) {
    console.log(color);
}
```

`for...of` 文は、`colors` 配列の各要素が順番に `color` 変数に代入され、それをコンソールに出力します。

サンプルで生成されたコードを見ると、for ofという文の書き方がなんとなくわかってくるでしょう。これは以下のように記述します。

```
for ( 変数 of 配列 ) {
  ……配列を処理……
}
```

forの()に「変数 of 配列」というように記述すると、forは配列から順に値を取り出しては変数に代入しブロックを実行する、ということを繰り返し実行していきます。普通のforと違い、配列にある要素を必ず1つずつすべて取り出して処理してくれるため、取り残しなどがありません。

forによる繰り返しを使おう

では、for ofを使った配列の処理を試してみましょう。簡単なサンプルをAIに作成してもらうことにします。

リスト2-46 プロンプト

JavaScriptで、for ofを利用した配列処理の簡単なサンプルコードを3つ作ってください。それぞれコードは5行程度、100文字前後の説明をつけてください。

リスト2-47 応答

もちろんです。以下は、`for...of`を使用した配列処理の簡単なサンプルコードです。

1. 配列の要素を合計する：

```
const numbers = [1, 2, 3, 4, 5];
let sum = 0;
for (const num of numbers) {
  sum += num;
}
console.log(sum); // 出力：15
```

このコードは、配列`numbers`の各要素を`for...of`ループを使用して合計し、その結果をコンソールに出力します。

要素　コンソール　ソース　ネット

top ▼　フィルタ

```
> const numbers = [1, 2, 3, 4, 5];
  let sum = 0;
  for (const num of numbers) {
    sum += num;
  }
  console.log(sum);
  15
```

図2-32　コードを実行する。

2. 配列の要素を2倍にして新しい配列を作成する：

```
const numbers = [1, 2, 3, 4, 5];
const doubledNumbers = [];
for (const num of numbers) {
  doubledNumbers.push(num * 2);
}
console.log(doubledNumbers); // 出力：[2, 4, 6, 8, 10]
```

このコードは、配列`numbers`の各要素を2倍にして新しい配列`doubledNumbers`を作成し、その結果をコンソールに出力します。

```
> const numbers = [1, 2, 3, 4, 5];
  const doubledNumbers = [];
  for (const num of numbers) {
    doubledNumbers.push(num * 2);
  }
  console.log(doubledNumbers);
  ▶ (5) [2, 4, 6, 8, 10]
```

図2-33 コードを実行する。

3. 偶数のみを抽出する：

```
const numbers = [1, 2, 3, 4, 5];
const evenNumbers = [];
for (const num of numbers) {
  if (num % 2 === 0) {
    evenNumbers.push(num);
  }
}
console.log(evenNumbers); // 出力：[2, 4]
```

このコードは、配列`numbers`から偶数の要素のみを抽出し、新しい配列`evenNumbers`に追加し、その結果をコンソールに出力します。

```
> const numbers = [1, 2, 3, 4, 5];
  const evenNumbers = [];
  for (const num of numbers) {
    if (num % 2 === 0) {
      evenNumbers.push(num);
    }
  }
  console.log(evenNumbers);
  ▶ (2) [2, 4]
```

図2-34 コードを実行する。

コードを実行すると、それぞれ配列の値を取り出して処理を行います。ここでは、一番わかりやすい最初の「配列の要素を合計する」のコードを見てみましょう。

まず最初に、合計を計算する配列を以下のように用意しておきます。

```
const numbers = [1, 2, 3, 4, 5];
```

配列に数値がいくつか用意されています。この配列から順に要素を取り出して合計を計算していくのですね。

では、合計計算の準備を用意しましょう。まず、sumという変数を用意しておきます。

```
let sum = 0;
```

そしてfor ofを使って値を順に変数に取り出し、sumに足していきます。これで配列numbersから順に値がnumに取り出され、それをsumに足していくことになります。

```
for (const num of numbers) {
  sum += num;
}
```

「const numって、定数になってるぞ？」と思ったかも知れませんが、この()は繰り返すごとに新たに実行される部分です。定数numの作成も、繰り返すごとに毎回行われ、ブロックを抜けると値はすべて消えてしまいます。消えた後でまた繰り返しの最初に戻り、定数numが作られているのですね。ですから、「同じ定数に値を代入している」というわけではありません。毎回、新しい定数が作られているだけなので、エラーになることはありません。

配列と繰り返しはセットで！

以上、配列の繰り返し処理について説明しました。配列は、基本的な使い方と一緒に、forによる繰り返しについても必ず覚えておいてください。繰り返しは、配列で非常によく利用されます。「配列を使うときは必ず繰り返しも使う」ぐらいに考えておきましょう。

これで、「値と変数」「制御構文」「配列」というJavaScriptのもっとも基本的な文法が一通り頭に入りました。まだよくわからないかも知れませんが、こうしたものは実際に使っているうちに次第に理解できるようになるものです。だいたいの使い方がわかったら、どんどん次に進んでいきましょう。そして、たくさんのコードを見たり書いたりしましょう。たくさんのコードに触れることが、プログラミング学習の一番の早道なのですから。

Chapter 3

関数とオブジェクト

JavaScriptの中でも使い方が難しいのが「関数」と「オブジェクト」です。ここで、これらの基本的な使い方についてしっかりと学びましょう。そしてWebページのオブジェクトの操作の仕方を覚え、簡単なプログラムを作れるようになりましょう。

3-1 関数を利用しよう

Section

関数について

配列を使えば、さまざまな値をひとまとめにして扱うことができることがわかりました。では、「処理」はどうでしょう。ある処理を1つにまとめて扱うようなことはできるのでしょうか？

「処理をまとめて扱う」ってどういうことか？ それは、たとえばこういうことです。ここに、生徒一人ひとりの教科の点数を保管した配列があったとしましょう。そのとき「5教科の合計と平均」を計算したいと考えたとします。

繰り返しなどを使って、配列から順に値を取り出して合計や平均を計算することはもちろん可能ですね。けれど、こうした処理は、さまざまなところで使うことになります。その度に、合計と平均を計算する処理を何度も書かないといけないのでしょうか。合計と平均を計算する処理をひとまとめにしておいて、いつでも使えるようにすることはできないんでしょうか。

もちろん、こうした仕組みもちゃんと用意されています。それが「関数」です。

関数は「再利用可能な処理」

関数は、さまざまな処理をプログラムの本体から切り離してひとまとめにし、いつでも呼び出して実行できるようにしたものです。では、AIにもう少しわかりやすく説明してもらいましょう。

リスト3-1 応答

```
関数について小学生でもわかるように教えて。
```

リスト3-2 応答

```
関数は、コンピュータープログラムで再利用可能な手順のことです。イメージとしては、レシピや指示書のようなものです。

たとえば、お菓子を作るときには、特定の手順に従って材料を混ぜたり、オーブンで焼いたりしますよね？関数
```

1
2
Chapter 3
4
5
6
7

も同じようなものです。手順が同じで何度も使うような作業を、関数としてまとめることができます。

関数には、入力を受け取って処理を行い、結果を出力する能力があります。たとえば、数を2倍にする関数や、特定の文字列を大文字に変換する関数などです。

以下に、関数の例を示します：

```
// 関数の定義
function greet(name) {
    console.log("こんにちは、" + name + "さん！");
}

// 関数の呼び出し
greet("太郎");  // "こんにちは、太郎さん！" と出力される
greet("花子");  // "こんにちは、花子さん！" と出力される
```

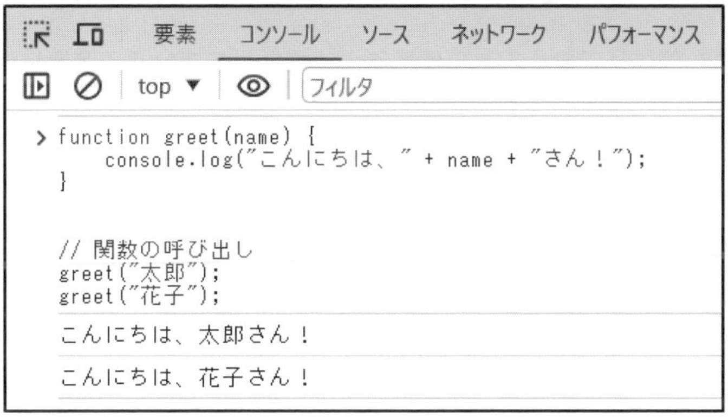

```
要素 コンソール ソース ネットワーク パフォーマンス
top ▼ フィルタ
> function greet(name) {
    console.log("こんにちは、" + name + "さん！");
  }

  // 関数の呼び出し
  greet("太郎");
  greet("花子");
  こんにちは、太郎さん！
  こんにちは、花子さん！
```

図3-1 コードを実行する。

この例では、`greet` という名前の関数を定義しています。この関数は、`name` という入力を受け取り、それを使って挨拶のメッセージを作成し、コンソールに出力します。関数を呼び出すと、指定された名前に応じた挨拶が表示されます。

関数を使うことで、プログラムのコードを簡潔に保ち、同じ処理を何度も書かなくて済むようになります。

なるほど、関数は「手順が同じで何度も使うような作業をまとめたもの」なんですね。サンプルコードを見ると、関数の定義というのを作成しておけば、それを呼び出していつでも実行できることがわかります。

ただ、簡単な説明の後にいきなりサンプルコードを見せられても、パッと理解はできないでしょう。もう少し細かい説明が必要ですね。

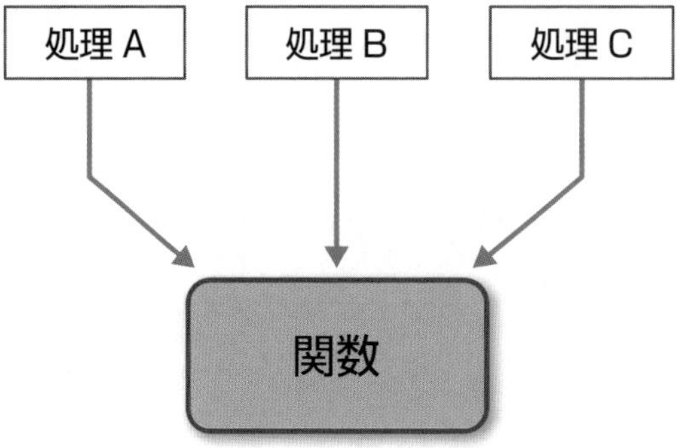

図3-2 関数は、よく使う作業をまとめたもの。どこからでも呼び出して実行できる。

関数の定義

関数は、あらかじめ定義を作成しておくことで使えるようになります。この定義には「名前(関数名)」と「引数」というものが必要です。

関数の定義は、整理すると以下のようになります。

```
function 関数名 ( 引数 ) {
    ……実行する処理……
}
```

functionというキーワードの後に関数の名前を指定します。そしてその後に()をつけ、「引数」というものを用意します。引数は、その関数を実行するのに必要な値を受け渡すためのものです。

とりあえず引数は脇に置きましょう。まずは、「関数を作って呼び出す」という基本を行ってみることにします。「引数」を使わないサンプルを見てみましょう。

リスト3-3

```
let isLoggedIn = true; // 仮のログイン状態

function checkLoginStatus() {
    if (isLoggedIn) {
        console.log("ログイン済みです。");
    } else {
        console.log("ログインしていません。");
    }
}
```

```
checkLoginStatus();
isLoggedIn = false;
checkLoginStatus();
```

要素　コンソール　ソース　ネットワーク　パフォーマンス

top ▼　フィルタ

```
> let isLoggedIn = true; // 仮のログイン状態

  function checkLoginStatus() {
      if (isLoggedIn) {
          console.log("ログイン済みです。");
      } else {
          console.log("ログインしていません。");
      }
  }

  checkLoginStatus();
  isLoggedIn = false;
  checkLoginStatus();
  ログイン済みです。
  ログインしていません。
```

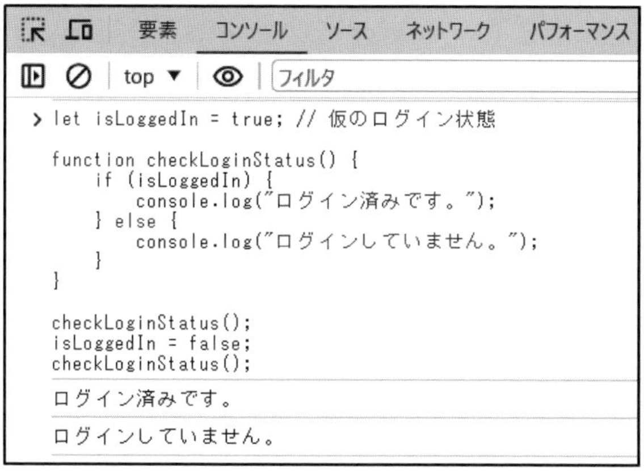

図3-3　実行すると、checkLoginStatusでログイン状態が表示される。

これを実行すると、最初に「ログイン済みです」と表示され、続いて「ログインしていません」と表示されます。

ここでは、「checkLoginStatus」という関数を定義し、これを呼び出しています。このcheckLoginStatusという関数は、変数isLoggedInの値をチェックし、これがtrueなら「ログイン済みです」、falseなら「ログインしていません」と表示をします。

関数の定義を見ると、このようになっていますね。

```
function checkLoginStatus() {……
```

functionの後に、checkLoginStatusという関数名があります。その後に()と引数の指定がありますが、中身は何もありません。引数がない場合も、このように()だけは用意する必要があります。

そして、このcheckLoginStatus関数を呼び出しています。

```
checkLoginStatus();
isLoggedIn = false;
checkLoginStatus();
```

checkLoginStatus();というように、関数名の後に()をつければ、その関数が呼び出され処理が実行されます。()には引数に渡す値を用意しますが、今回は引数を使ってないので、このように()だけつけてあります。引数がなくとも、()は必ずつけます。

ここでは、checkLoginStatus関数を呼び出してから変数isLoggedInの値を変更し、再びcheckLoginStatus関数を呼び出しています。isLoggedInの値が変わると、checkLoginStatus関数で表示される値が変わっていることがわかります。

このように、関数は、呼び出すと同じ処理を実行しますが、そのときのプログラムの状態が変われば実行される内容が変化することもあるのですね。

引数を利用しよう

関数の基本がわかったら、後回しにしていた「引数」を使ってみることにしましょう。

引数は、関数で処理を実行する際に必要な情報を受け渡すために使います。これは、以下のような形で関数定義に用意します。

```
function 関数名 ( 引数1, 引数2, ……) {
    ……実行する処理……
}
```

()内に、引数を必要なだけコンマで区切って記述します。この引数は、「値を受け取る変数」と考えてください。たとえば、(A, B, C)というように引数を用意すると、その関数を呼び出すときに用意された値がA, B, Cの各変数に代入されます。たとえば、こんな具合ですね。

関数定義

```
function func (A, B, C) {……
```

関数呼び出し

```
func(100, 200, 300);          // Aに100, Bに200, Cに300 が渡される
```

わかりますか？ こんな具合にして、関数で使う値を渡すことができるのです。

渡された値は、関数のブロック内で利用することができます。重要なのは、「引数は、関数以外のところでは使えない」という点でしょう。関数の処理を終えてブロックを抜けると、関数内で使った変数などはすべて消えてしまいます。「関数内にあるものは、関数内でのみ使える」ということをよく頭に入れておいてください。

引数を使ったサンプルを動かそう

では、実際に引数を利用したサンプルを見てみましょう。簡単なサンプルをAIに作ってもらいましょう。

リスト3-4 プロンプト

1～2個の数値や文字列の引数を持つ関数を作成し利用するサンプルコードを3つ作ってください。コードは10行以内、それぞれに100文字前後の説明文をつけてください。

リスト3-5 応答

1: 二つの数値を加算する関数

```
function addNumbers(a, b) {
    const sum = a + b;
    console.log(a + " と " + b + " を足すと " + sum + " です。");
}

// 関数を呼び出す
addNumbers(5, 3);
```

この関数は、二つの数値を受け取り、それらを加算して結果をコンソールに表示します。

```
要素  コンソール  ソース  ネットワーク  パフォーマンス  メモリ  アプ
top ▼  フィルタ
> function addNumbers(a, b) {
      const sum = a + b;
      console.log(a + " と " + b + " を足すと " + sum + " です。");
  }

  // 関数を呼び出す
  addNumbers(5, 3);
  5 と 3 を足すと 8 です。
```

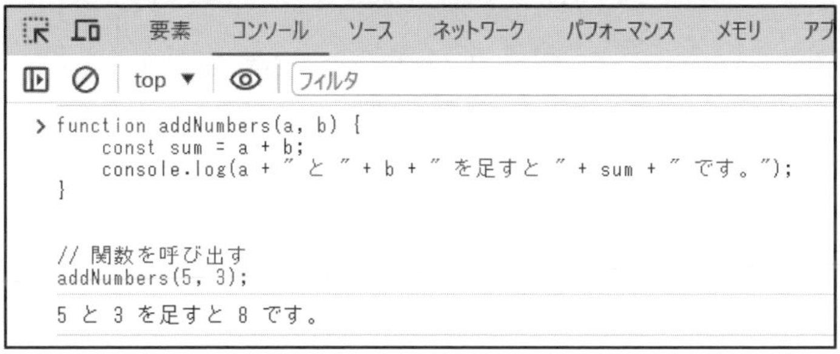

図3-4 コードを実行する。

2: 文字列を結合する関数

```
function concatenateStrings(str1, str2) {
    const result = str1 + " と " + str2 + " を結合すると、" + str1 + str2 +
" です。";
    console.log(result);
}

// 関数を呼び出す
concatenateStrings("こんにちは", "世界");
```

この関数は、二つの文字列を受け取り、それらを結合して新しい文字列を作成し、結果をコンソールに表示します。

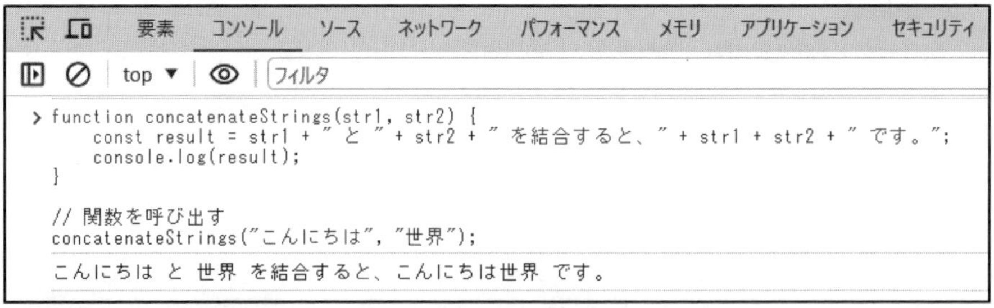

```
> function concatenateStrings(str1, str2) {
      const result = str1 + " と " + str2 + " を結合すると、" + str1 + str2 + " です。";
      console.log(result);
  }

  // 関数を呼び出す
  concatenateStrings("こんにちは", "世界");
  こんにちは と 世界 を結合すると、こんにちは世界 です。
```

図3-5 コードを実行する。

3: 長方形の面積を計算する関数

```
function calculateRectangleArea(width, height) {
    const area = width * height;
    console.log("長方形の面積は " + area + " です。");
}

// 関数を呼び出す
calculateRectangleArea(5, 3);
```

この関数は、長方形の幅と高さを受け取り、それらを使って面積を計算し、結果をコンソールに表示します。

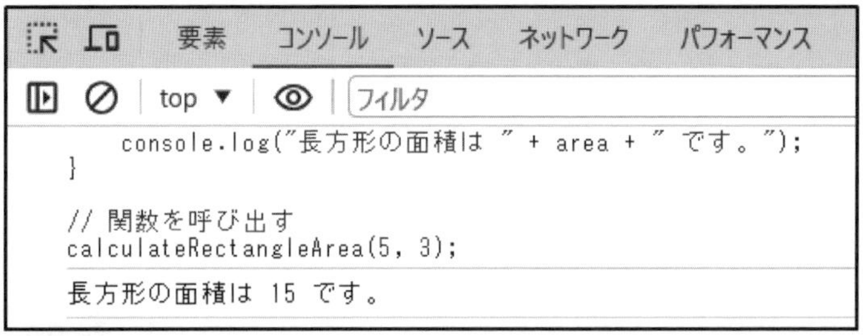

```
    console.log("長方形の面積は " + area + " です。");
  }

  // 関数を呼び出す
  calculateRectangleArea(5, 3);
  長方形の面積は 15 です。
```

図3-6 コードを実行する。

これらの関数は、それぞれ1つか2つの数値や文字列を引数として受け取り、それらを使って特定の処理を行います。

実際にこれらのサンプルコードをコンソールで実行してみてください。関数の呼び出しがどうなっているのかわかってくるでしょう。また、使い方がわかったら、引数の値をいろいろと変更して呼び出すとどうなるか試してみましょう。

例として、最後のcalculateRectangleArea関数の定義と呼び出しを見てみましょう。

関数の定義

```
function calculateRectangleArea(width, height) {……
```

数の呼び出し

```
calculateRectangleArea(5, 3);
```

関数の呼び出しでは、(5, 3)と引数が指定されていますね。これが、関数定義の(width, height)の各引数に渡され、これらを使って処理を実行しているのがわかるでしょう。引数の働きが少しずつわかってきましたね。

1
2
Chapter 3
4
5
6
7

戻り値を利用しよう

これで関数の基本はわかった、と思いましたか？ 実は、関数には、定義に用意される名前や引数以外にも重要な要素があるのです。それは、「戻り値」です。どういうものかAIに聞いてみましょう。

リスト3-6 プロンプト

関数の戻り値についてわかりやすく説明してください。

リスト3-7 応答

関数の戻り値は、関数が実行された後に返される値のことです。イメージとしては、関数が特定の作業を行った結果をあなたに返すと考えることができます。

たとえば、ある関数が二つの数値を受け取り、それらを加算した結果を返す場合、その結果が戻り値となります。また、関数が文字列を受け取り、その文字列を大文字に変換して返す場合、変換された文字列が戻り値となります。

関数が戻り値を持つとき、その戻り値は関数を呼び出した部分に返され、それが変数に代入されたり、他の処理に使われたりします。

以下に、戻り値を持つ関数の例を示します：

```
// 二つの数値を受け取り、それらを加算した結果を返す関数
function addNumbers(a, b) {
    return a + b;
}
```

```
// 関数を呼び出して戻り値を変数に代入
let result = addNumbers(5, 3);

console.log(result); // 出力: 8
```

```
要素　コンソール　ソース　ネットワーク
top ▼　フィルタ
> function addNumbers(a, b) {
      return a + b;
  }

  // 関数を呼び出して戻り値を変数に代入
  let result = addNumbers(5, 3);

  console.log(result);
  8
```

図3-7　コードを実行する。

この例では、`addNumbers` 関数が呼び出され、引数として 5 と 3 が渡されます。関数はこれらの数値を加算し、その結果である 8 を戻り値として返します。そして、この戻り値が `result` 変数に代入され、最終的にコンソールに出力されます。

つまり、戻り値は関数からの返り値であり、関数がどのような結果を持っているかを示します。

戻り値は、関数が行った処理の結果を、呼び出した側に返すためのものなんですね。これは、以下のような形で使われます。

関数の定義

```
function 関数名 ( 引数 ) {
  ……実行する処理……
  return 値;
}
```

関数の呼び出し

```
変数 = 関数名 ( 値 );
```

関数で実行するブロックで、最後に「return 値;」というように記述しておくと、そこでブロックを抜け、関数を呼び出した側に値を返します。

この「値を返す」というのは、わかりやすくいうなら「関数がその値として扱えるようになる」ということです。たとえば、整数をreturnする関数は、整数の値や変数などと同じものとして扱えるようになります。たとえば、関数を計算式の中で使ったり、関数の結果を変数に代入したりすることもできます。

戻り値のある関数の利用例

では、戻り値のある関数がどんなものか、実際にいくつかサンプルコードをAIに作成してもらいましょう。

リスト3-8 プロンプト

関数 戻り値のある関数のサンプルコードを3つ作成してください。コードは5行程度、100文字前後の説明文をつけてください。

リスト3-9 応答

1: 二つの数値を減算する関数

```
function subNumbers(a, b) {
    return a - b;
}

let result = subNumbers(7, 5);
console.log(result); // 出力: 2
```

この関数は、二つの数値を減算し、その結果を返します。

```
要素　コンソール　ソース
top ▼　フィルタ
> function subNumbers(a, b) {
      return a - b;
  }

  let result = subNumbers(7, 5);
  console.log(result);
  2
```

図3-8 コードを実行する。

2: 文字列を大文字に変換する関数

```
function capitalizeString(str) {
    return str.toUpperCase();
}
```

1 2 Chapter 3 4 5 6 7

```
let capitalized = capitalizeString("hello");
console.log(capitalized); // 出力: "HELLO"
```

この関数は、受け取った文字列を大文字に変換して返します。

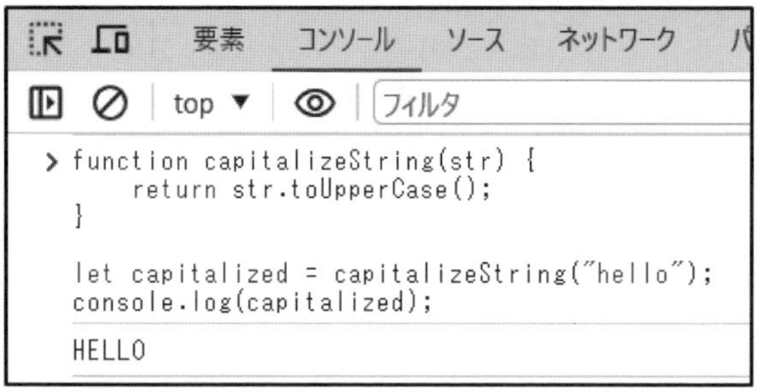

要素 コンソール ソース ネットワーク

top ▼ フィルタ

```
> function capitalizeString(str) {
      return str.toUpperCase();
  }

  let capitalized = capitalizeString("hello");
  console.log(capitalized);
  HELLO
```

図3-9 コードを実行する。

3: 配列の最大値を求める関数

```
function findMax(arr) {
    return Math.max(...arr);
}

let numbers = [5, 8, 2, 10];
let maxNumber = findMax(numbers);
console.log(maxNumber); // 出力: 10
```

この関数は、配列の要素の中から最大値を見つけて返します。

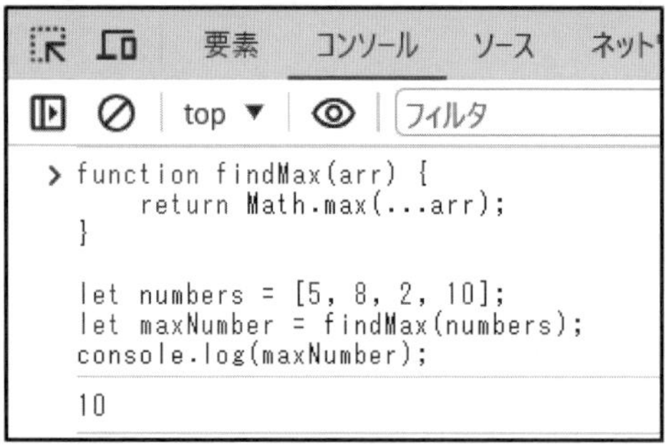

要素 コンソール ソース ネット

top ▼ フィルタ

```
> function findMax(arr) {
      return Math.max(...arr);
  }

  let numbers = [5, 8, 2, 10];
  let maxNumber = findMax(numbers);
  console.log(maxNumber);
  10
```

図3-10 コードを実行する。)

3つのコードが生成されましたが、初めて出てくるものもいくつかあります。簡単に補足しておきましょう。

capitalizeString関数

```
str.toUpperCase()            文字列(str)をすべて大文字にした値を返す。
```

findMax関数内

```
Math.max(配列)             引数の配列arrからもっとも大きな値を返す。
```

これらは「メソッド」と呼ばれるものを使っています。メソッドについては後で説明するので、今は「こう書けば、目的の値が得られるのだ」ということだけ理解しておきましょう。

ここでは、それぞれの関数を呼び出すと、その戻り値が変数に代入されるようにしていますね。たとえば、こんな具合です。

```
let result = subNumbers(7, 5);
```

このsubNumbers関数では、return a - b; という文が実行されていますね。このreturnされるa - bの値が、変数resultに代入されます。「returnされた値が返される」というのがどういうことか、わかるのではないでしょうか。

3-2 オブジェクトを使おう

Section

オブジェクトについて

配列は、その中にいくつもの値を保管しておくことができます。こんな具合に、たくさんの値をひとまとめにして扱うことができると、何かと便利ですね。

配列のように、多量の値を番号で整理していくのもいいですが、たとえばぜんぜん違う種類の値を名前で整理するようなこともできると便利です。たとえば、住所録のデータを扱う場合、住所・氏名・メールアドレス・電話番号といった値をすべてひとまとめにしていつでも取り出せるようにできれば大変便利ですね。

このように、「さまざまな情報をひとまとめにして扱えるようにしたもの」というのがJavaScriptにはあります。それが「オブジェクト」というものです。

では、オブジェクトとはどういうものか、質問してみましょう。

リスト3-10 プロンプト

JavaScriptのオブジェクトについて、小学生でもわかるように説明して。

リスト3-11 応答

オブジェクトは、JavaScriptで情報をまとめて管理するためのデータ構造の1つです。イメージとしては、実世界の物や概念を表す箱やコンテナのようなものです。

たとえば、あなたの友達の情報(名前、年齢、好きな色など)を1つのオブジェクトにまとめることができます。各友達はオブジェクトの1つの項目として表されます。このオブジェクトは、キー (プロパティ)と値(値)のペアの集合です。

以下に、オブジェクトの例を示します：

```
let friend = {
    name: "太郎",
    age: 10,
    favoriteColor: "青"
};
```

この例では、`friend` というオブジェクトが作成されています。このオブジェクトには、`name`、`age`、

`favoriteColor` の3つのプロパティがあります。それぞれのプロパティは、キーと値のペアで構成されています。たとえば、`name: "太郎"` はキーが `name` で値が `"太郎"` です。

オブジェクトは、さまざまな情報を1つのまとまりにして管理するのに便利です。友達の情報だけでなく、商品情報、メニュー、ゲームのキャラクターなど、さまざまなものをオブジェクトとして表現することができます。

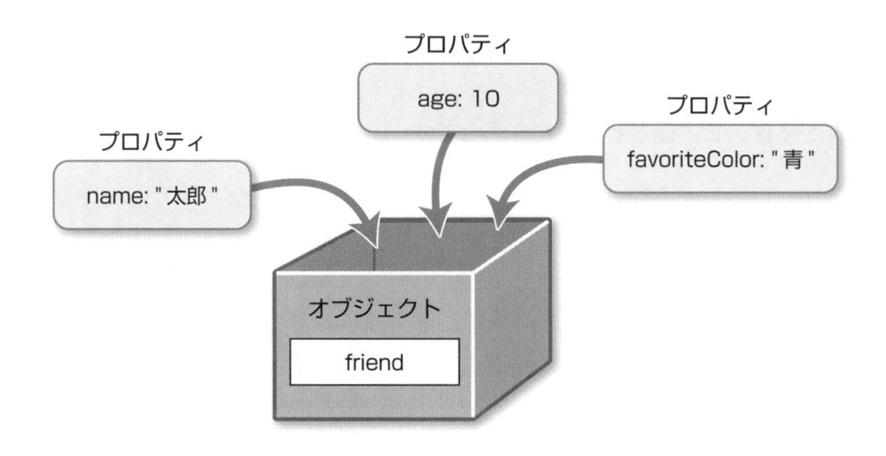

図3-11 オブジェクトは、さまざまな値をまとめて保管する箱のようなもの。

オブジェクトは、配列と同じようにさまざまな値を保管する箱のようなものです。配列と違い、それぞれの値には番号ではなく、キーと呼ばれる名前がつけられています。これらオブジェクトに保管されている値は「プロパティ」と呼ばれます。
（※値だけでなく、オブジェクトには、「関数」も保管できます。このあたりの説明はもう少し後で行います）

オブジェクトの書き方

AIが生成した応答には、オブジェクトの簡単な例も用意されていましたね。これをもう少し整理すると、オブジェクトはこんな具合に書けることがわかってきます。

```
変数 = {
  キー: 値,
  キー: 値,
  ……略……
}
```

例として挙げられていたオブジェクトのコードは、以下のような形で書かれていましたね。

```
let friend = {
  name: "太郎",
  age: 10,
  favoriteColor: "青"
};
```

これで、friendという変数にオブジェクトが代入されました。このオブジェクトには、name, age, favoriteColorというプロパティが用意されています。

これらプロパティは、「変数.プロパティ」というようにして値を取り出したり変更したりできます。たとえば、この例ならばこんな具合です。

```
friend.age++;
friend.favoriteColor = "赤";
```

friend.age++;とすれば、ageプロパティの値を1増やすことができますし、friend.favoriteColor = "赤";とすれば好きな色を赤に変えられます。こんな具合に、「変数.プロパティ」というようにしてオブジェクトのプロパティを操作することができるのです。

オブジェクトを使ってみる

では、オブジェクトを使うとどのようなことができるのでしょうか。簡単なオブジェクトの利用例をAIに作ってもらいましょう。

リスト3-12 プロンプト

オブジェクトを利用した簡単なサンプルコードを3つ作ってください。それぞれ10行以内、100文字前後の簡単な説明をつけてください。

リスト3-13 応答

1. ユーザー情報のオブジェクト

```
let user = {
    name: "太郎",
    age: 25,
    email: "taro@example.com"
};
console.log(user);
```

このコードは、ユーザー情報を含むオブジェクトを定義し、その名前をコンソールに出力します。

```
要素 コンソール ソース ネットワーク パフォーマンス
top ▼ フィルタ
> let user = {
      name: "太郎",
      age: 25,
      email: "taro@example.com"
  };
  console.log(user);
  ▶ {name: '太郎', age: 25, email: 'taro@example.com'}
```

図3-12 コードを実行する。

2. 商品情報のオブジェクト

```
let product = {
      name: "りんご",
      price: 100,
      category: "フルーツ"
};
console.log(product.name + " ¥" + product.price);
```

このコードは、商品情報を含むオブジェクトを定義し、その価格をコンソールに出力します。

```
要素 コンソール ソース ネットワーク パフォーマンス
top ▼ フィルタ
> let product = {
      name: "りんご",
      price: 100,
      category: "フルーツ"
  };
  console.log(product.name + " ¥" + product.price);
  りんご ¥100
```

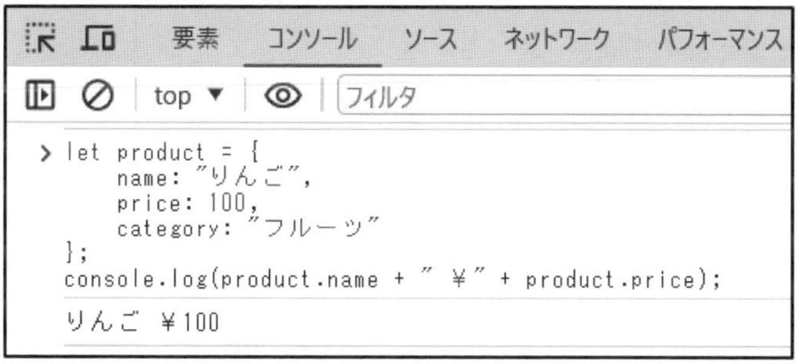

図3-13 コードを実行する。

3. 車の情報のオブジェクト

```
let car = {
      brand: "Toyota",
      model: "Prius",
      year: 2020
};
console.log(car.brand + " " + car.model);
```

このコードは、車の情報を含むオブジェクトを定義し、そのブランドとモデルをコンソールに出力します。

```
> let car = {
      brand: "Toyota",
      model: "Prius",
      year: 2020
  };
  console.log(car.brand + " " + car.model);
  Toyota Prius
```

図3-14 コードを実行する。

これらのサンプルコードでは、それぞれ異なる種類のオブジェクトを作成し、それらのプロパティにアクセスしています。オブジェクトを使用することで、関連する情報をまとめて管理することができます。

これらのサンプルを見てわかるのは、「オブジェクトにまとめられる値は、自由だ」という点です。どんな種類の値でも構わないのです。

配列にもさまざまな値が保管できますが、「たくさんのデータを管理する」という目的で使われる以上、「全然関係ない値を保管する」ということはまずないでしょう。テストの点数を管理するオブジェクトに住所やメールアドレスが追加されることはありません。

しかしオブジェクトは別です。点数と住所とメールアドレスを一緒に保管してもまったく問題ありません。どんなものでもひとまとめにして扱えるし、オブジェクトに保管した値はいつでも簡単に取り出し利用できるのです。

プロパティはいつでも追加できる

ここでは、{}を使っていくつかのプロパティを用意していますが、オブジェクトのプロパティはこのように最初から用意しなければいけないわけではありません。後から追加することもできるのです。

```
let user = {
    name: "太郎",
    age: 25,
    email: "taro@example.com"
};
```

たとえば、先ほどのサンプルコードでは、こんなオブジェクトを作成していましたね。このuserには、3つのプロパティがあります。このプロパティは、オブジェクトを作った後で追加できます。

```
user.tel = "090-9999-9999";
```

たとえば、こうすればuserに「tel」というプロパティが追加され、いつでもuser.telで値を取り出せるようになります。

for in文でプロパティを処理する

オブジェクトには自由にプロパティが追加できるため、長いコードになってくると「このオブジェクトにどんなプロパティがあるのか」がよくわからなくなってくることもあります。

このようなとき、JavaScriptにある「for in」という文を使うと、オブジェクトにあるすべてのプロパティを順に取り出し処理することができます。どういうことか？ AIに聞いてみましょう。

リスト3-14 プロンプト

for in文について簡単に説明してください。

リスト3-15 応答

`for...in` 文は、オブジェクトの列挙可能なプロパティに対して繰り返し処理を行うために使用されます。この文は、オブジェクトのキーに対して繰り返し処理を行います。配列のインデックスや、オブジェクトのプロパティを処理する場合に使用されます。

```
let person = {
    name: "John",
    age: 30,
    city: "Tokyo"
};

for (let key in person) {
    console.log(key + ": " + person[key]);
}
```

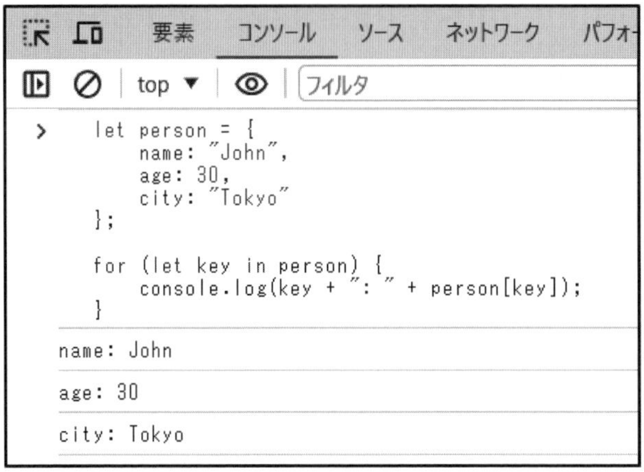

```
> let person = {
      name: "John",
      age: 30,
      city: "Tokyo"
  };

  for (let key in person) {
      console.log(key + ": " + person[key]);
  }
name: John
age: 30
city: Tokyo
```

図3-15 コードを実行する。

`for...in` 文は、`person` オブジェクトの各プロパティのキーが順番に `key` 変数に代入され、そのキーに対応する値を取得してコンソールに出力します。

`for...of` 文は主に反復可能なオブジェクトの要素を処理する際に使用され、`for...in` 文はオブジェクトのプロパティを処理する際に使用されます。それぞれの文は、異なるタイプの反復可能な要素に適した使い方をします。

for in文は、配列の要素をすべて処理するfor of文と似ています。こんな具合に実行するのですね。

```
for ( 変数 in オブジェクト ) {
  ……実行する処理……
}
```

注意したいのは、変数に取り出される値です。ここでオブジェクトから変数に取り出されるのは、プロパティのキー（プロパティ名）です。値ではありません。ですから、値を利用する際は、取り出されたキーを使ってオブジェクトから値を取り出す必要があります。

サンプルコードを実行してみると、personオブジェクトにあるプロパティとその値が順に出力されるのがわかります。ここでは、以下のようにfor in文を使っていますね。

```
for (let key in person) {
    console.log(key + ": " + person[key]);
}
```

personオブジェクトから、プロパティのキーが変数keyに順に取り出されていきます。ここでは、key + ": " + person[key]というようにしてキーとその値を出力しています。

for ofとfor inは、働きも似ているので間違えないようにしましょう。「配列はfor of、オブジェクトはfor in」です。

関数とメソッド

オブジェクトにはさまざまな値が保管できることがわかりました。が、オブジェクトに保管できるのは、値だけではありません。「関数」も保管できるのです。

関数は、よく使われる処理をまとめていつでも呼び出せるようにしたものでしたね。オブジェクトに保管されている値(プロパティ)を処理する関数をオブジェクト自身に持たせることができれば、ずいぶんと利用しやすくなります。たとえば、データを保管するプロパティを持つオブジェクトでは、そのデータの合計や平均を計算する関数も持っていれば簡単にデータの統計情報を得られるようになるでしょう。

このような「オブジェクトに組み込まれた関数」のことを「メソッド」といいます。

メソッドの組み込み

このメソッドは、プロパティと同じようにキーに関数を指定して組み込むことができます。ただし、関数の書き方には注意が必要です。

```
{
  キー: 値, // プロパティ
  キー: function(引数){
    ……処理……
  },
  ……略……
}
```

わかりますか？ プロパティと同様に、キーに関数を記述するのですが、「function(引数)」というようになっていて、関数名がありません。オブジェクトのキーに関数を割り当てるときは、関数名はいらないのです。指定したキーをメソッドの名前として呼び出す際に使うことになるためです。

こうして作成されたメソッドは、プロパティと同様に「変数.メソッド()」という形で呼び出すことができます。

メソッドを使ってみよう

では、実際にメソッドを利用してみましょう。簡単なサンプルをAIに作成してもらうことにします。

リスト3-16 プロンプト

メソッドを持つオブジェクトのサンプルコードを3つ作成してください。それぞれ10行程度、100文字前後の説明文をつけてください。

リスト3-17 応答

1: 車のオブジェクト

```
let car = {
    brand: "Toyota",
    model: "Prius",
    year: 2020,
    startEngine: function() {
        console.log("エンジンを始動しました。");
    },
    stopEngine: function() {
        console.log("エンジンを停止しました。");
    }
};

car.startEngine(); // エンジンを始動しました。
car.stopEngine(); // エンジンを停止しました。
```

このオブジェクトは車を表し、`startEngine` メソッドと `stopEngine` メソッドを持っています。これらのメソッドは、それぞれ車のエンジンを始動し停止します。

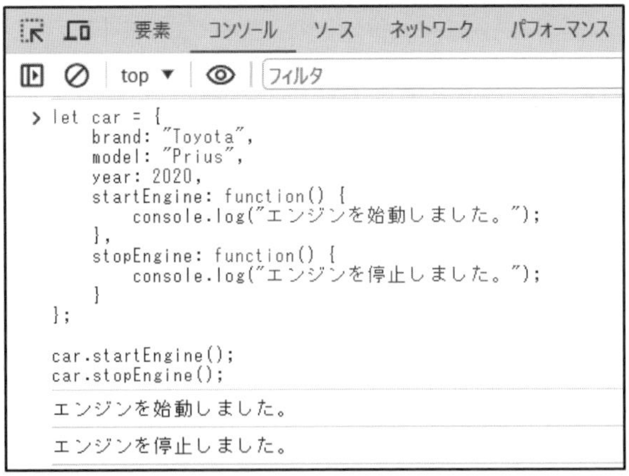

```
> let car = {
    brand: "Toyota",
    model: "Prius",
    year: 2020,
    startEngine: function() {
        console.log("エンジンを始動しました。");
    },
    stopEngine: function() {
        console.log("エンジンを停止しました。");
    }
  };

  car.startEngine();
  car.stopEngine();
  エンジンを始動しました。
  エンジンを停止しました。
```

図3-16 コードを実行する。

2: ユーザーの情報オブジェクト

```
let user = {
    name: "太郎",
    age: 25,
```

```
    greet: function() {
        console.log("こんにちは、" + this.name + "さん!");
    }
};

user.greet(); // こんにちは、太郎さん!
```

このオブジェクトはユーザーの情報を表し、`greet` メソッドを持っています。このメソッドは、ユーザーに挨拶をします。

要素 コンソール ソース ネットワーク パフォーマンス メモリ

top ▼ フィルタ

```
> let user = {
    name: "太郎",
    age: 25,
    greet: function() {
        console.log("こんにちは、" + this.name + "さん！");
    }
  };

  user.greet();
  こんにちは、太郎さん！
```

図3-17 コードを実行する。

3: 電卓の機能を持つオブジェクト

```
let calculator = {
    add: function(a, b) {
        return a + b;
    },
    subtract: function(a, b) {
        return a - b;
    },
    multiply: function(a, b) {
        return a * b;
    }
};

console.log(calculator.add(5, 3)); // 出力: 8
console.log(calculator.subtract(10, 4)); // 出力: 6
console.log(calculator.multiply(2, 6)); // 出力: 12
```

このオブジェクトは電卓を表し、`add`、`subtract`、`multiply` メソッドを持っています。これらのメソッドは、それぞれ加算、減算、乗算の機能を提供します。

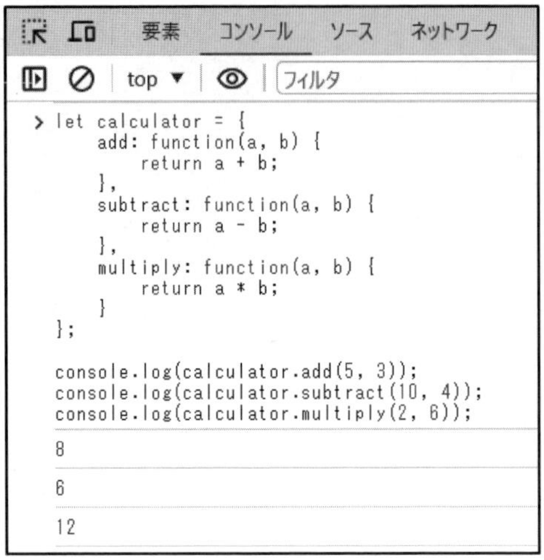
要素
コンソール
ソース
ネットワーク
top
フィルタ
> let calculator = {
    add: function(a, b) {
        return a + b;
    },
    subtract: function(a, b) {
        return a - b;
    },
    multiply: function(a, b) {
        return a * b;
    }
};

console.log(calculator.add(5, 3));
console.log(calculator.subtract(10, 4));
console.log(calculator.multiply(2, 6));
8
6
12

図3-18 コードを実行する。

プロパティとthis

メソッドの多くは、オブジェクトにあるプロパティを操作するようなものになるでしょう。その場合、どうやってオブジェクトにあるプロパティを利用すればいいか、知っておかないといけません。

その例が、2番目のサンプルコードにあります。ここではuserというオブジェクトを作成し、その中にgreetというメソッドを以下のように追加しています。

```
greet: function() {
    console.log("こんにちは、" + this.name + "さん!");
}
```

ここでは、オブジェクトにあるnameプロパティを出力するのに「this.name」という書き方をしています。この「this」というのは、オブジェクト自身を示す特別な値です。

自分自身にあるプロパティやメソッドは、このように「this.○○」という形で指定することで呼び出すことができます。この書き方は、オブジェクト内にあるものを利用する際の基本ですので、ここでしっかり覚えておきましょう。

関数は「値」

プロパティは、後からオブジェクトに追加できました。メソッドも同じで、オブジェクトを作った後で追加することができます。

```
オブジェクト.キー = function(引数) {……}
```

こんな具合に、キーを指定して関数を代入すれば、そのキーに関数が設定され、メソッドとして呼び出せるようになるのです。プロパティとまったく同じですね。

キーに値を代入するとプロパティになり、関数を代入するとメソッドになる。プロパティとメソッドはとても扱い方が似ています。メソッドの扱い方を見ていると、まるで関数を値のように利用していることに気がつくでしょう。

そう。実をいえば、JavaScriptでは、関数も「値」なのです。これは「実行する処理を内部に持つ値」なのですね。function(){……}というのは、関数の値だったのです。

普通に定義する関数も、以下のように書き換えると、値であることが納得できるでしょう。

```
function 関数() {……}

  ↓
変数 = function() {……}
```

function 関数() {……}という書き方は、変数にfunction() {……}という関数の値を代入するのと同じものだったのです。

メソッドを値として表示する

では、実際に関数が値であることを確認してみましょう。以下のコードをコンソールで実行してみてください。

リスト3-18

```
let person = {
    name:"Taro",
    age:37,
    print: function() {
        return "Hello! I'm " + this.name + ". I'm " + this.age +
        " years old.";
    }
}

console.log(person.print());
console.log(person.print);
```

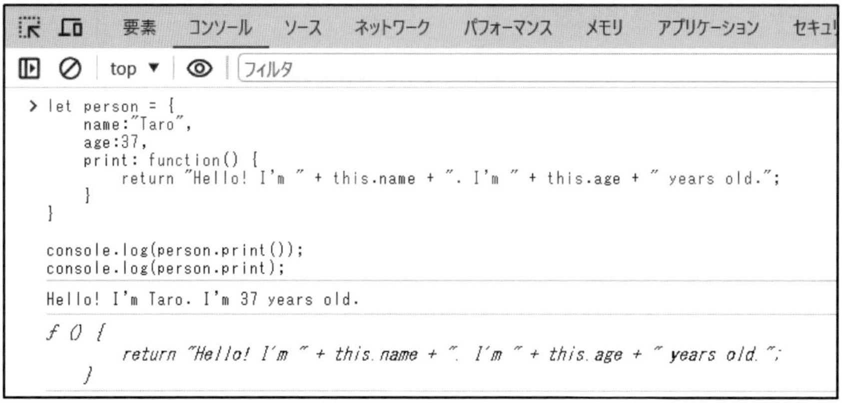

```
> let person = {
      name:"Taro",
      age:37,
      print: function() {
          return "Hello! I'm " + this.name + ". I'm " + this.age + " years old.";
      }
  }

  console.log(person.print());
  console.log(person.print);
  Hello! I'm Taro. I'm 37 years old.
  ƒ () {
          return "Hello! I'm " + this.name + ". I'm " + this.age + " years old.";
      }
```

図3-19 実行すると、printメソッドの戻り値と、printメソッドそのものが表示される。

これを実行すると、2つの値が出力されるでしょう。1つ目は、person.print()で得られる戻り値を表示するものです。

```
Hello! I'm Taro. I'm 37 years old.
```

おそらく、このような値が表示されたことでしょう。そして2つ目は、person.printを表示するものです。これは、以下のようなものが表示されたのではないでしょうか。

```
ƒ () {
    return "Hello! I'm " + this.name + ". I'm " + this.age + " years old.";
}
```

これは、printに代入された関数の値です。print()とすれば処理を実行した戻り値が得られますが、printだとキーに割り当てられた関数そのものが値として取り出されるのです。

非常に不思議な感じがしますが、「関数は値だ」ということを、ここでよく頭に入れておいてください。これから先、このことが非常に重要となってくるかも知れませんから。

メソッドを追加する

プロパティを後から追加できたように、メソッドも後から追加することができます。キーを指定して、関数の値を代入すれば、それがメソッドとして機能するようになるのです。

では、これも簡単なサンプルを動かしてみましょう。AIに簡単なサンプルコードを作成してもらいます。

リスト3-19 プロンプト

オブジェクトを作成後、メソッドを変更するサンプルコードを考えてください。10行程度、100文字前後の説明をつけること。

リスト3-20 生成コードをベースに改良したもの

```
// オブジェクトの作成
let car = {
  brand: "Toyota",
  model: "Prius",
  engine: false,
  startEngine: function() {
    this.engine = true;
    console.log("エンジンを始動しました。");
  },
  stopEngine: function() {
    this.engine = false;
    console.log("エンジンを停止しました。");
  }
};

// メソッドの追加
car.status = function() {
  let status = "[ Status: " + this.model + "(" + this.brand + "). ";
  if (this.engine) {
    status += "*** Engine running!! ***";
  } else {
    status += " Engine stopped.";
  }
  console.log(status + " ]");
};

// メソッドを呼び出す
car.status();
car.startEngine();
car.status();

car.status = function() {
  let status = "model:" + this.model + ", brand:" + this.brand
      + ". engine:" + this.engine;
  console.log(status);
};

car.stopEngine();
car.status();
```

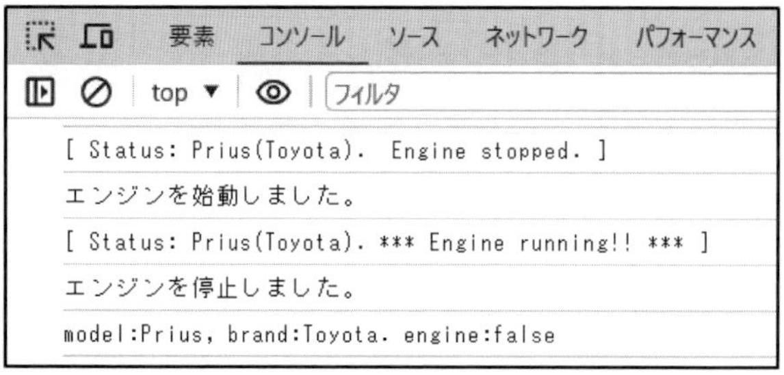
要素
コンソール
ソース
ネットワーク
パフォーマンス
top ▼
フィルタ
[Status: Prius(Toyota). Engine stopped.]
エンジンを始動しました。
[Status: Prius(Toyota). *** Engine running!! ***]
エンジンを停止しました。
model:Prius, brand:Toyota. engine:false

図3-20 statusメソッドを後から追加して利用する。

作成されたコードは非常にシンプルなものだったので、それをベースに少し手を加えました。これを実行すると、car.statusに関数を割り当ててstatusメソッドを追加しています。そして、それを呼び出してcarオブジェクトの状態を表示させています。コードを見るとわかりますが、startEngine()してstatus()を実行した後、car.statusにそれまでとは違う関数を割り当てています。それから、stopEngine()してまたstatus()を呼び出しています。すると、ステータスの表示が変わるのがわかるでしょう。途中でstatusメソッドを別のものに変更したため、表示も変わってしまったのです。

このように、メソッドもプロパティと同じように、後から値を追加したり、既にある値を書き換えたりすることができるのです。

関数の引数に関数を使う

この「値としての関数」の使い方は、いろいろな使い方ができます。もう少し、ここで掘り下げておきましょう。

例として、「引数」での利用を考えてみましょう。関数では、引数を使って必要な値を渡すことができますね。では、その引数に「関数」を渡すことはできるでしょうか？

もちろん、できます。関数は「値」なんですから、引数で使うことだってできるのです。ただ、これはちょっと高度なテクニックになるので、ここで完全に理解する必要はありません。「こんなこともできるんだ」という例として、ざっと目を通しておく、ぐらいに考えてください。

では、関数を引数に指定する関数のサンプルコードを作成してもらいましょう。

リスト3-21 プロンプト

引数に関数を使ったサンプルコードを作ってください。長さは10行前後で、簡単な説明をつけてください。

リスト3-22 応答

配列のフィルタリング

```
// 配列の各要素をフィルタリングする関数
function filterArray(arr, callback) {
    let filteredArray = [];
    for (let value of arr) {
        if (callback(value)) {
            filteredArray.push(value);
        }
    }
    return filteredArray;
}

// 偶数をフィルタリングするコールバック関数(1)
function isEven(value) {
    return value % 2 === 0;
}

// 偶数をフィルタリングするコールバック関数(2)
function isOdd(value) {
    return value % 2 !== 0;
}

let numbers = [1, 2, 3, 4, 5, 6, 7, 8, 9, 10];
let evenNumbers = filterArray(numbers, isEven);
console.log(evenNumbers); // 出力: [2, 4, 6, 8, 10]
let oddNumbers = filterArray(numbers, isOdd);
console.log(oddNumbers ); // 出力: [1, 3, 5, 7, 9]
```

このコードは、filterArray 関数を使用して配列の要素をフィルタリングします。isEven、isOdd 関数は、受け取った値が偶数かどうかを判定するコールバック関数です。

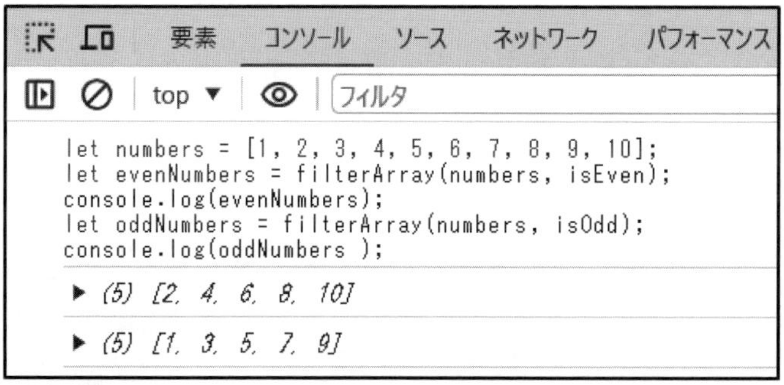

要素　コンソール　ソース　ネットワーク　パフォーマンス
top ▼　フィルタ

```
let numbers = [1, 2, 3, 4, 5, 6, 7, 8, 9, 10];
let evenNumbers = filterArray(numbers, isEven);
console.log(evenNumbers);
let oddNumbers = filterArray(numbers, isOdd);
console.log(oddNumbers );
▶ (5) [2, 4, 6, 8, 10]
▶ (5) [1, 3, 5, 7, 9]
```

図3-21　実行すると、isEvenとisOddを引数にしてfilterArrayを実行する。

これは、filterArrayという関数を定義しています。この関数では、配列と関数を引数に持っています。これらを指定して呼び出すと、フィルター処理された配列が戻り値として得られます。

今回のサンプルを実行すると、isEven関数を引数にした場合と、isOdd関数を引数にした場合、計2回、filterArray関数を呼び出して結果を表示しています。Even関数を引数にすると偶数だけ、isOdd関数だと奇数だけが出力されるのがわかるでしょう。

ここで定義しているfiterArray関数は、以下のようになっていますね。

```
function filterArray(arr, callback) {……
```

arrに配列が、そしてcallbackに関数がそれぞれ渡されます。そして関数内では、for ofを使って配列arrから順に値を取り出し、それをcallback関数でチェックして値を処理していきます。

```
for (let value of arr) {
  if (callback(value)) {
    filteredArray.push(value);
  }
}
```

callback(value)の結果がtrueならばfilteredArrayという配列にpush(value)で値を追加しています。こうすることで、filteredArrayにはcallback関数の結果がtrueの値だけがまとめられます。

このcallback関数は引数で渡されるものです。引数にあるcallbackに()を付けて関数として呼び出せば、ちゃんと関数が動いてくれるのです。

「関数を引数にした関数」は、ぱっと見ても何をやっているのかよくわからないかも知れませんね。これは、かなり高度な技術ですので、今すぐわからなくとも心配はいりません。この先、引数に関数を使う例が何度か出てくるはずですから、少しずつ慣れていきましょう。

アロー関数について

値として関数を利用する場合、関数の値そのものが複雑なので値として扱いにくい、と感じるかも知れません。たとえば、先ほどのfilterArray関数で、引数に直接関数を指定する場合どうなるか考えてみましょう。

```
let evenNumbers = filterArray(numbers,
  function(value) {
    return value % 2 === 0;
  }
);
```

適時改行して見やすくすると、こんな感じになるでしょう。何だか、わかったようなわからないような文になりましたね。引数に関数を用意すると、こんな具合にとてもわかりにくくなってしまいます。

実は、JavaScriptには、もっとシンプルな関数の書き方も用意されています。それは「アロー関数」と呼ばれる書き方です。

```
( 引数 )=> {……処理……}
```

このようになります。functionというのがなくなり、=>で引数とブロックをつなげて書くのですね。非常に面白いのは、関数の中身が「値を返すreturn文だけ」の場合、ブロックを使わず、ただ式を書くだけでもいいのです。

```
( 引数 )=> 式
```

これで、ちゃんと関数として機能します。先ほどのサンプルで引数に使った、isEvenやisOddのような関数は、計算した結果を返すだけですから、このシンプルな書き方が使えます。

では、先ほどのサンプルコードを書き換えて、アロー関数を使うように修正してみます。

リスト3-23

```
// 配列の各要素をフィルタリングする関数
function filterArray(arr, callback) {
  ……変更ないため省略……
}

let numbers = [1, 2, 3, 4, 5, 6, 7, 8, 9, 10];
```

```
let evenNumbers = filterArray(numbers,
     (value)=> value % 2 === 0);
console.log(evenNumbers); // 出力: [2, 4, 6, 8, 10]

let oddNumbers = filterArray(numbers,
     (value)=> value % 2 !== 0);
console.log(oddNumbers ); // 出力: [1, 3, 5, 7, 9]
```

filterArray関数を呼び出す際、引数に直接アロー関数を指定しているため、isEvenやisOddといった関数を用意する必要がなくなり、すっきりとしました。

このアロー関数は、先ほど説明した「関数を引数にする」というようなときによく用いられます。今すぐ覚える必要はありませんが、いきなりコードにアロー関数が使われて「何だこれ？」と慌てることがないように、基本的な書き方ぐらいは知っておきましょう。

Webページはオブジェクトのかたまり

さて、ここまでオブジェクトについていろいろと説明をしてきました。中には「こんなもの、一体誰がいつ使うんだ？」と思っていた人もいたかも知れませんね。

なぜ、オブジェクトというものについて一通り説明をしたのか。それは、これから私たちがプログラミングをしていくWebページというのが、オブジェクトだらけの世界だからです。

Webページには、さまざまなものが表示されています。ただのテキストだけでなく、イメージや表、フォーム、リンクなどが組み合わせられてWebページを構成しています。こうしたものは、すべてオブジェクトとして用意されていて、それらを操作することでWebページを扱えるようになっているのです。

WebページとDocument Object Model

Webブラウザには、「Document Object Model（略称DOM）」というものが組み込まれています。これは、ドキュメント（Webページのこと）とその中にある要素をオブジェクトとして表すためのものです。

DOMは、HTMLやXML文書の要素を表現し、それらを操作するためのプログラムインターフェース（オブジェクトや関数など）を提供します。JavaScriptを使って、DOMを操作してページの内容や構造を変更したりすることができます。DOMの扱い方を知ることが、Webページをプログラミングするために最初に行うことなのです。

エレメントを操作する

では、DOMというのはどういうものなんでしょうか。まずは、基本的な使い方から説明していきましょう。

DOMは、Webページにあるすべての要素をオブジェクトの「ツリー構造」として作成し、管理します。まず、Webページのドキュメントを表すオブジェクトがあって、その中に<head>や<body>のオブジェクトがある。そして<body>のオブジェクトの中には<h1>や<p>などの各要素を表すオブジェクトが組み込まれている、といった具合ですね。

このツリー構造のベースとなってるのが、ドキュメントを表す「document」オブジェクトです。これはWebページのドキュメントを示すものであるのと同時に、ドキュメント内にあるさまざまな要素を扱うための各種機能を提供します。

エレメントを取り出す

<h1>や<p>などの要素は、「エレメント」と呼ばれるオブジェクトとして用意されています。これを取り出す方法はいくつかありますが、もっともよく使われるのは以下の2つでしょう。

●IDを指定して取り出す

```
document.getElementById( id値 );
```

●指定した要素を取り出す

```
document.querySelector( 要素の指定 );
```

いずれも、documentオブジェクトに用意されているメソッドです。「getElementById」は、IDを指定してエレメントを取り出すものです。たとえば、id="a"と指定した要素のエレメントを取り出すなら、getElementById("a")とすればいいわけです。

もう1つの「querySelector」は、CSSで特定の要素を指定するのに使われる書き方でエレメントを指定するものです。これはCSSの書き方を知っていないと使えないのですが、とりあえず、"#○○"というようにしてIDを指定できる、ということだけ知っておきましょう。たとえば、id="xyz"ならば、querySelector("#xyz")と指定すればいいのですね。

エレメントのテキストの操作

取り出したエレメントも、もちろんオブジェクトです。この中に、エレメントを操作するためのメソッドが用意されています。

まずは、エレメントに組み込まれているテキストから使いましょう。エレメントには、たとえば <p>Hello</p> というようにテキストを中に組み込んでいるものがありますね。こうした「エレメント内に組み込まれている値」は、以下のようなプロパティとして用意されています。

textContent	表示されているテキストコンテンツ
innerText	内部に組み込まれているHTMLコードのテキスト
innerHTML	内部に組み込まれているHTMLコード

テキストをそのまま取り出すtextContentと、HTMLコードの値を取り出すinnerText/innerHTMLがあります。innerHTMLはHTMLのコードを設定するのに使いますが、innerTextとtextContentは違いがちょっとわかりにくいですね。

この2つはどちらもテキストを取り出すものですが、微妙に働きが違います。textContentはテキストをそのまま取り出すのに対し、innerTextはHTMLコードをレンダリングして表示されるテキストコンテンツを取り出します。たとえば以下のような例を考えてみましょう。

●Webページのコンテンツ

```
<p>Hello.
    welcome!
    good-bye.
    </p>
```

●textContentの値

```
Hello.
    welcome!
    good-bye.
```

●innerTextの値

```
Hello. welcome! good-bye.
```

わかりますか？ Webページのコンテンツを取り出す場合、textContentはHTMLのソースコードに書かれていた通りの値を取り出します。これに対し、innerHTMLは改行や文の冒頭のスペースなどがすべて消えています。これは、innerHTMLが「HTMLコードをレンダリングして生成されたコンテンツ」であるためです。HTMLでは、テキストコンテンツ内にある改行やタブ、半角スペースなどの空きはすべて無視され表示されますね？ innertextで得られる文字列も、これと同じ働きをします。

Webページを作ろう

では、実際に簡単なWebページを用意し、JavaScriptで操作してみましょう。まず、VSCodeでフォルダー（「node_sample_app」フォルダー）を開きます。ここには、既に「index.html」と「styles.css」の2つのファイルがありましたね。

では、これにJavaScriptのコードを記述するファイルを追加しましょう。エクスプローラーで「node_sample_app」フォルダーを選択し、上部の「新しいファイル...」アイコンをクリックして新たにファイルを作成してください。名前は「script.js」と指定しておきましょう。

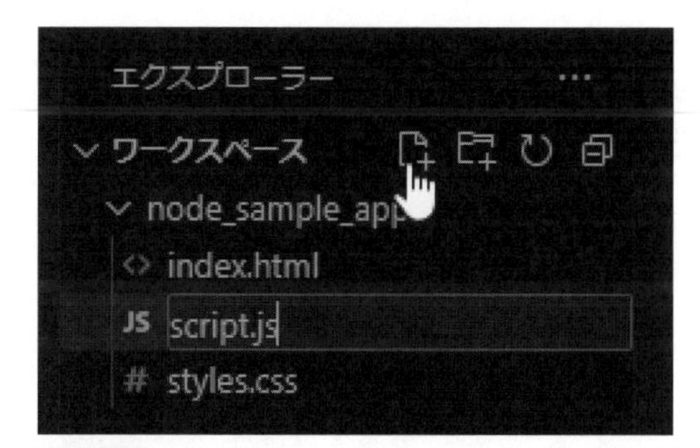

図3-22 新しいファイルを作成し、「script.js」とファイル名を記入する。

ファイルが作成できたら、開いてこれにソースコードを記述しましょう。以下のコードをscript.jsファイルに記述してください。

リスト3-24
```
function changeText() {
  let title = document.getElementById("title");
  title.textContent = "新しいタイトル";
  let message = document.getElementById("message");
  message.textContent = "新しいテキストに変更されました！";
}

changeText();
```

ここでは、getElementByIdを使って、id="title"とid="message"の2つのエレメントを変数titleとmessageに取り出しています。これらをgetElementByIdメソッドで取り出し、そのtextContentの値を変更します。

DOMでは、各要素の値(属性)は、すべてDOMのプロパティとしてエレメントに保管されています。属性などの値を書き換えると、そのエレメントのWebブラウザ上での表示も自動的に書き換わり変更されるようになっています。

これらの処理は、changeTextという関数として定義しています。そしてスクリプトの最後に「changeText();」と記述してchangeText関数を呼び出し実行しています。

script.jsを読み込んで実行する

では、Webページに表示する内容を書き換えましょう。index.htmlとstyles.cssを開き、それぞれ以下のようにソースコードを書き換えてください。

リスト3-25 index.html

```
<!DOCTYPE html>
<html lang="ja">
<head>
  <meta charset="UTF-8">
  <meta name="viewport" content="width=device-width, initial-scale=1.0">
  <title>スタイル付きサンプルページ</title>
  <link rel="stylesheet" href="styles.css[t][u]">
</head>
<body>
  <h1 id="title">こんにちは、世界!</h1>
  <p id="message">wait...</p>
  <script src="script.js"></script>
</body>
</html>
```

リスト3-26 styles.css

```
body {
  font-family: Arial, sans-serif;
  background-color: #f8f8f8;
  margin: 0;
  padding: 10px 30px;
}

h1 {
  color: #999;
  text-align: center;
}
```

```
p {
  color: #666;
  line-height: 1.6;
  font-size: 18px;
}
```

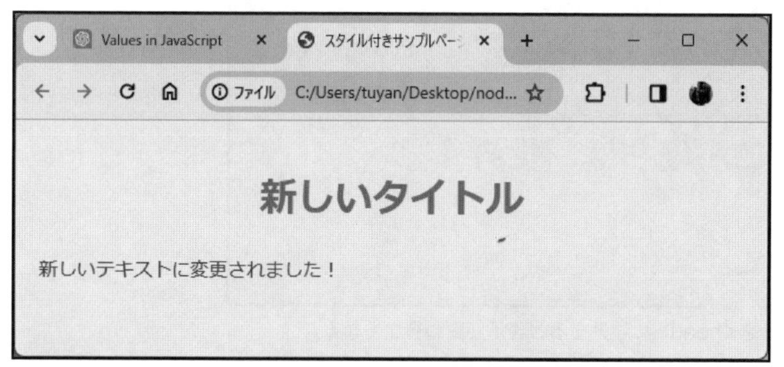

図3-23 index.htmlを開くと、このように表示がされた。

では、記述できたら、index.htmlをWebブラウザで開いて表示してみましょう。Webページには、「新しいタイトル」というタイトルと、「新しいテキストに変更されました！」というメッセージが表示されるでしょう。

index.htmlのソースコードを見ると、これらの表示は「こんにちは、世界！」「wait...」だったはずです。しかし、実際にWebページを開くと、表示が変わっています。これは、JavaScriptでエレメントのコンテンツを書き換えているためです。JavaScriptにより、エレメントのコンテンツが変更されているのがわかるでしょう。

どうして最後にscript.jsを読み込むの？

ここで実行されたスクリプトは、先ほど作ったscript.jsに記述されたものです。このスクリプトは、以下のようにして読み込まれています。

```
<script src="script.js"></script>
```

JavaScriptのスクリプトは、このように<script>を使い、srcでファイルを指定することで読み込まれるようになります。

が、ちょっと待ってください。奇妙なのは、このタグが書かれている場所です。普通、こうした画面に表示されない要素というのは、<head>内に記述しておくものです。しかし、今回のサンプルでは、<body>の最後に書かれています。なぜ、こんなところに書いてあるのでしょうか。

その理由は、<head>に<script>を書くと動かないからです。試しに、index.htmlの<script>タグを<head>内に移動してみましょう。そしてWebページをリロードして表示してください。今度は、Webページのタイトルとメッセージは変更されません。

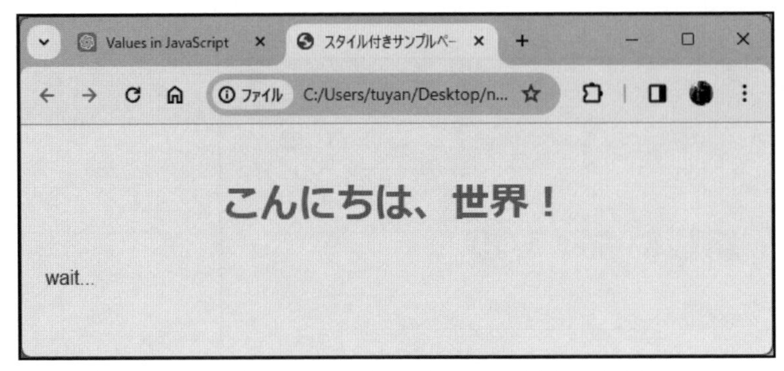

図3-24　<script>を<head>に移動すると表示が変わらなくなる。

なぜ、表示が変わらなくなったのか。その理由は、コンソールを見てみるとわかります。コンソールには、「Uncaught TypeError: Cannot set properties of null (setting 'textContent')」といったメッセージが表示されているでしょう。

これは、エラーメッセージです。「存在しないオブジェクトのtextContentプロパティを設定しようとしている」というエラーです。<script>を<head>に置くと、getElementByIdでエレメントを取り出すことができず、エラーになってしまうのです。

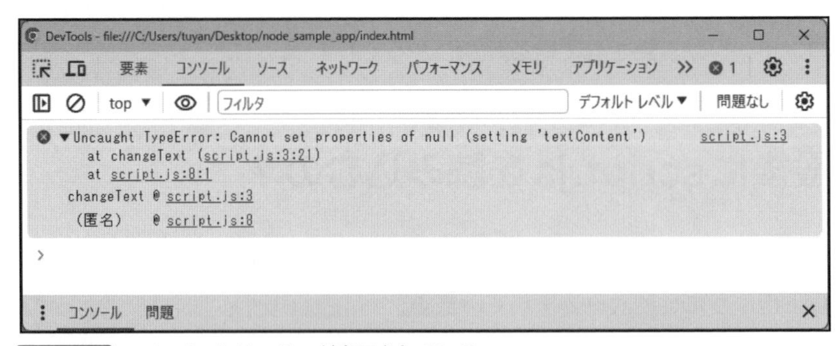

図3-25　コンソールはエラーが表示されている。

DOMツリーは読み込み後に生成される

DOMでは、Webページの要素をツリー構造にして管理している、といいましたね。このDOMツリーは、エレメントを読み込んでから作成されます。

HTMLのコードは、読み込むと最初から順に処理されていきます。つまり、<head>にある<script>によりスクリプトが読み込まれ実行されたときには、まだその後の<body>は読み込まれておらず、DOMツリーも完成していないのです。このため、スクリプトがエラーになってしまったのです。

<script>でスクリプトを読み込み実行するときは、「DOMツリーがいつ完成するか」をよく考えて<script>を用意する必要があるのですね。

イベントの利用

今のサンプルは、スクリプトを読み込むとそのまま処理が実行されました。スクリプトの最後にchangeText関数を呼び出していたからですね。

しかし、実際のWebページでは、こんな具合に「最初にWebページを読み込むときに処理が実行されるだけ」ということはありません。それよりも、Webページを操作すると処理が実行される、というほうが多いでしょう。たとえばボタンを押すと何かを処理したり、といった具合ですね。

こうした「何かの操作などに応じて処理を実行する」というのは、「イベント」というものを利用して作成します。

では、イベントとはどういうものなのでしょうか。AIに聞いてみましょう。

リスト3-27 プロンプト

JavaScriptのイベントについて小学生でもわかるように説明して。

リスト3-28 応答

JavaScriptのイベントは、ウェブページ上で起こるさまざまな動作やアクションを捉える仕組みです。イベントは、ユーザーがマウスをクリックしたり、キーボードを押したり、要素をマウスでドラッグしたり、ページが読み込まれたりするなどのアクションを指します。

たとえば、ボタンをクリックするという行為は、JavaScriptのイベントです。ウェブページ上の要素(例：ボタン、リンク、画像など)に対してイベントが発生すると、JavaScriptはそのイベントを検知して、事前に定義された動作や処理を実行します。

イベントにはさまざまな種類があります。たとえば、クリックイベント、マウスオーバーイベント、キーボード入力イベント、フォームの送信イベントなどがあります。これらのイベントは、ウェブページのインタラクティブ性や動的な振る舞いを実現するために非常に重要です。

用意した処理が
実行される
イベント
が発生
ユーザーが操作をする
ユーザー

図3-26　ユーザーが操作をするとイベントが発生し、用意した処理が実行される。

なるほど、イベントは、Webページで起こるさまざまな動作やアクションを捉える仕組みなのですね。ユーザーがマウスをクリックしたり、キーボードを押したりするとイベントが発生する。そのイベントにより、あらかじめ用意しておいた処理などが実行されるようになっているのですね。

ボタンクリックのイベント

では、実際にイベントを使ってみましょう。イベントでもっともよく用いられるのは「ボタンクリック」でしょう。ボタンをクリックすると何かを実行する、というものですね。

これは「onclick」という属性を使って指定します。

```
<button onclick="処理">
```

こんな具合に記述します。値には、実行する処理を記述します。これは、JavaScriptのコードを書いておきます。一般的には、あらかじめ関数などを用意しておき、その関数の呼び出し文を記述しておくことが多いでしょう。たとえば、onclick="action();" としておけば、クリックでactionという関数を実行します。

ボタンクリックで表示を変更する

では、先ほどのタイトルとメッセージを変更するサンプルを、ボタンクリックで実行するようにしてみましょう。まず、script.jsを開いて、最後にある「changeText();」の文を削除してください。これで、スクリプトを読み込んでもchangeTextが実行されなくなります。

では、index.htmlの内容を以下に書き換えてください。

リスト3-29

```
<!DOCTYPE html>
<html lang="ja">
<head>
  <meta charset="UTF-8">
```

```
    <meta name="viewport"
    content="width=device-width, initial-scale=1.0">
    <title>スタイル付きサンプルページ</title>
    <link rel="stylesheet" href="styles.css">
    <script src="script.js"></script>
</head>
<body>
    <h1 id="title">こんにちは、世界！</h1>
    <p id="message">これはStyleを設定したWebページのサンプルです。</p>
    <div>
        <button onclick="changeText();">Click</button>
    </div>
</body>
</html>
```

合わせて、<button>用のスタイル設定もstyles.cssに追記しておきましょう。

リスト3-30

```
button {
    font-size: 18px;
    padding:5px 15px;
    color: white;
    background-color: #777;
}
```

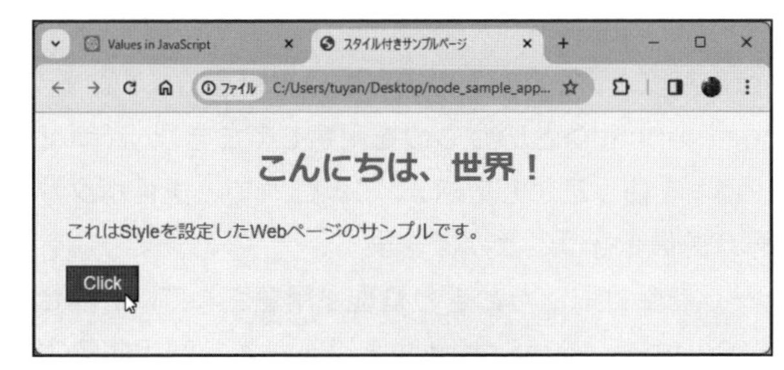

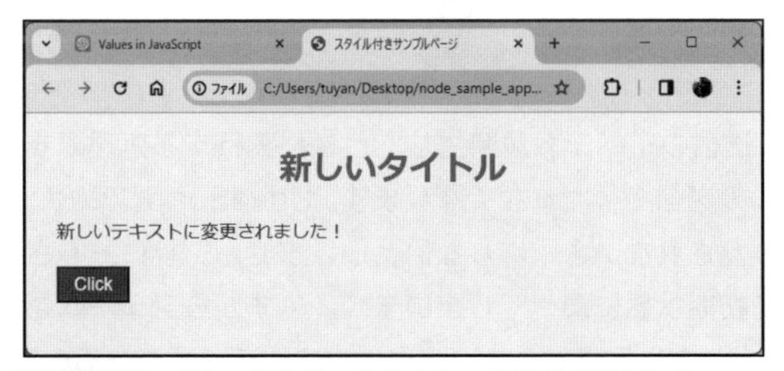

図3-27 ボタンをクリックすると、表示が更新される。

Webページをリロードすると、「Click」というボタンが追加されているのがわかります。このボタンをクリックすると、タイトルとメッセージが変わります。
ここでは、以下のようにボタンを用意していますね。

```
<button onclick="changeText();">Click</button>
```

onclickには、changeText関数を呼び出す文が書かれています。これにより、ボタンをクリックするとchangeTextが実行されるようになりました。
こんな具合に、ボタンを使って何かを実行させるのは意外と簡単に行えます。実際にchangeTextをアレンジして、いろいろな表示を変えてみると面白いでしょう。

フォームを使おう

何かの処理を実行するとき、必要な情報をユーザーに入力してもらう必要があるでしょう。そんなときに用いられるのが「フォーム」です。
フォームは普通、こんな具合に記述して使います。

```
<form method="post" action="/post">
  <input ……>
  <input type="submit">
</form>
```

<form>というタグの中に、<input>というもので入力する項目を用意します。そして、送信用のボタンとして、<input type="submit">というものを用意しておきます（<input>の代わりにボタンを表示する<button>を使うこともできます）。これで、送信ボタンを押すとactionに指定したパスにフォーム送信を行うことができます。
ただし、これはサーバー側にフォームを受け取ったときの処理が用意されている場合の使い方です。今回のように、Webページの中でJavaScriptからフォームを利用するような場合には、<form>を以下のように用意します。

```
<form onsubmit="return false;">
```

onsubmitというのは、フォーム送信のイベントが発生したときに実行する処理です。ここでreturn false;すると、フォームの送信が行われなくなります。JavaScriptでWebページを操作する場合、ページがリロードされないようにしないといけません。リロードされると、それまで処理したものがすべて初期状態に戻ってしまいます。ですからフォームを利用するときも、送信してページがリロードされることがないようにしておく必要があるのです。

<input>でユーザーが入力した値は、<input>のエレメントを取得し、そこからvalueという属性の値を取り出せば得ることができます。

```
document.getElementById(○○).value
```

このようにして<input>のエレメントからvalueを取り出します。後は、その値を利用して処理を行うだけです。

フォームを利用してみよう

では、実際にフォームを使ったサンプルを作ってみましょう。これも簡単なものをAIに作ってもらいます。

リスト3-31 プロンプト

JavaScriptでフォームの値を利用して処理を行うサンプルを作成してください。コードはindex.html, styles.css, script.jsに分けて作成し、簡単な説明文をつけてください。

リスト3-32 応答

以下は、フォームの値を取得して利用するサンプルコードです。

index.html:

```
<!DOCTYPE html>
<html lang="ja">
<head>
  <meta charset="UTF-8">
  <meta name="viewport"
  content="width=device-width, initial-scale=1.0">
  <title>フォームサンプル</title>
  <link rel="stylesheet" href="styles.css">
</head>
<body>

<h1>フォームサンプル</h1>
<form onsubmit="return false;">
  <label for="name">名前:</label>
  <input type="text" id="name" name="name"><br><br>
  <label for="email">メールアドレス:</label>
  <input type="email" id="email" name="email"><br><br>
  <button onclick="handleSubmit();">送信</button>
</form>
```

```
<p id="output"></p>

<script src="script.js"></script>

</body>
</html>
```

styles.css:

```
form {
  display: flex;
  flex-direction: column;
}
label {
  font-size: 16px;
}
input {
  color:#444;
  font-size: 18px;
  padding:10px;
}
```

script.js:

```
// フォームの送信時に処理を行う関数
function handleSubmit(event) {
    // フォームから値を取得
    let name = document.getElementById("name").value;
    let email = document.getElementById("email").value;

    // 取得した値を表示
    let output = document.getElementById("output");
    output.textContent = "名前: " + name + ", メールアドレス: " + email;
}
```

このコードでは、フォームから入力された名前とメールアドレスを取得し、それを表示するサンプルです。`index.html` ファイルでは、フォームと送信ボタンが定義されています。`styles.css` ファイルではスタイルの指定はありません。`script.js` ファイルでは、フォームの送信時に値を取得して表示する処理が記述されています。

図3-28 フォームに入力し送信するとメッセージが表示される。

生成された各ファイルのソースコードをそれぞれのファイルにコピー＆ペーストし、Webページを使ってみましょう。なお、index.htmlとscript.jsはそれまでのコードをすべて削除して今回のコードに書き換えますが、styles.cssは既にあるものを削除せず、追記するようにしましょう。

ここでは名前とメールアドレスの入力項目があるフォームが用意されています。これらに記入をし、「送信」ボタンを押すと、フォームの下に入力情報が表示されます。

ここでは、フォームに送信ボタンを以下のように用意してあります。

```
<button onclick="handleSubmit();">
```

これで、クリックするとhandleSubmitという関数が呼び出されるようになりました。この関数では、入力項目から以下のようにして値を取り出しています。

```
let name = document.getElementById("name").value;
let email = document.getElementById("email").value;
```

getElementByIdを使ってidが"name"と"email"のエレメントを取得し、それらのvalueの値を取り出して入力された値を変数に保管します。

後は、取り出した値をテキストにまとめて出力用の要素に表示するだけです。これが以下の部分です。

```
let output = document.getElementById("output");
output.textContent = "名前: " + name + ", メールアドレス: " + email;
```

これで、id="output"の要素にメッセージが表示されます。ここでは、<p id="output">

というようにして空の要素を用意しておきました。ここにメッセージが表示されていたのですね。

エレメントの基本をしっかり覚えよう

以上、HTMLの要素をJavaScriptで操作する基本部分を簡単に説明しました。ごく単純なものですが、フォームを使って処理を行うプログラムが作れるようになりましたね。

ここまでの説明で覚えたのは、以下のようなことです。

- **getElementByIdやquerySelectorでエレメントを取り出す。**
- **エレメントに表示されるコンテンツはtextContentなどで設定する。**
- **入力項目の値はエレメントのvalueで取り出せる。**
- **マウスでクリックしたときの処理はonclickイベントを使って行う。**

1
2
Chapter 3
4
5
6
7

たったこれだけ知っていれば、フォームを使ってユーザーからデータを入力してもらい、さまざまな処理を行って結果を表示するようなプログラムが作れるようになるのです。

後はバリエーションを増やすだけ！

まだ、わずかのことしか説明していませんから、作れるプログラムは「フォームに何か入力し、それを使った結果を表示する」というものだけです。けれど、実をいえばこれがWebページ操作の基本なのです。後は、これらの基本をベースに、少しずつ使える語彙を増やしていけばいいのです。

Webページでは、さまざまな要素が使われています。それらは、すべて「テキストを表示するだけ」のものではありません。イメージを表示するものもありますし、リンクを表示するものだってあります。またテキストの表示にしても、フォントサイズやテキストの色などを操作できればもっと表現力豊かな処理を作れるでしょう。

これらは、「どんなHTMLタグがあるか」「どんな属性があるか」「どんなイベントがあるか」ということがわかれば、すべて実現できるのです。たとえば、イメージを表示する要素では、表示するイメージのパスを変更すればイメージをスクリプトで変えられるでしょう。テキストを表示する要素では、スタイルの属性を変更すればフォントサイズやテキストの色を変更することもできるようになります。

基本さえわかれば、後は語彙を増やしていくだけ。使えるHTML要素や属性、イベントが増えるにしたがって、Webページでできることは飛躍的に増えていくのです。

Chapter 4

簡単なWebアプリを作ろう

では、実際にWebアプリを作ってみましょう。まずはシンプルに「何かの値を入力し、結果を表示する」といったものを作ってみます。時計、タイマー、計算アプリといったものを作りながら、Webアプリ作成の基本をしっかりと理解していきましょう。

4-1 時計アプリ

Section

時計アプリを作る

前章で、フォームを使ったアプリの基本を説明しました。ユーザーに値を入力してもらい、それを元に処理を実行する、というプログラムの基本ですね。これさえわかれば、後は語彙を増やしていくだけでさまざまなプログラムが作れるようになります。

……なんて、言葉でいうのは簡単ですが、そんなに簡単に語彙って増やせるもの？ どんなものがあるのか、それを具体的にどう使えば良いのか、プログラムの中でそれらをいつどこでどのように利用するのか。わからないことだらけでしょう。どうやってさまざまな機能の使い方を覚え、使える語彙を増やしていったら良いんでしょう。

プログラミング上達の一番の近道は何か？ それは、「プログラムをたくさん作ること」です。さまざまなプログラムを作ってみれば、その過程で次第にプログラムの作り方がわかってきます。そうやって「これは、こう使う」「これは、こんなときに利用する」といったノウハウを少しずつ自分の引き出しに増やしていく、それこそがプログラミングを上達する唯一無二の方法なのです。

「でも、プログラムを作れないから悩んでいるのに……」と思った人。作れないなら、誰かに作ってもらえばいいじゃありませんか。そう、AIです！ こんなときこそ、AIの出番。実際にAIにさまざまなプログラムを作ってもらい、それを実際に動かしながらコードを学んでいけば、いろんなノウハウを短期間で身につけることができるはずですよ。

時刻を表示するアプリ

というわけで、さっそく簡単なプログラムを作ってもらいましょう。まず最初に作るのは、「時計」です。これは、ただ現在の時刻を表示するだけのものです。Webページを開くと、リアルタイムに現在の時刻（時分秒）が表示されていきます。値の入力なども一切ありません。単純ですが、このWebページを画面の隅にでもおいておくと、時刻がひと目でわかって便利ですね！

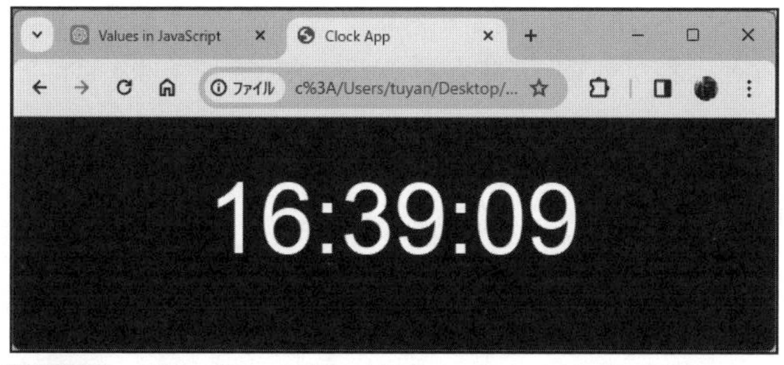

図4-1 時計アプリ。現在の時刻をリアルタイムに表示する。

時計のソースコード

では、時計アプリを作成しましょう。今回は、AIに以下のような形でプロンプトを書いて送信しました。

リスト4-1 プロンプト

```
ブラウザで表示する、シンプルな時計アプリのコードを書いてください。仕様は以下の通りです。

● バックグラウンドを黒に、数字を白にする。
● 数字は見やすいフォントを使って大きく表示する。
● HTML、CSS、JavaScriptを使って、別ファイルにする。
```

アプリのように複雑なコードを作成させる場合、単に「○○を作ってください」だけでは思い通りのものが作れません。このようなときは、基本的な命令の後に、細かい指示を指定してやるといいでしょう。こうすることで、より具体的な内容が伝えられ、こちらの要望に近いコードが生成されるようになります。

作成するファイルとコード

では、生成されたコードを掲載しましょう。ここで作るアプリは、3つのファイルを使って作成します。

index.html	表示するWebページのファイル
style.css	CSSのソースコード
script.js	JavaScriptのソースコード

フォルダーにこれら3つのファイルを用意し、それぞれにソースコードを記述すれば完成です。既にファイルの作り方などはわかっていますから、VSCodeを使えばすぐにアプリを作れますね。

では、各ファイルのソースコードを以下に掲載しましょう。アプリを保存するフォルダーを用意し、これをVSCodeで開いて、3つのファイルを作成してコードを入力していきましょう。

リスト4-2 index.html

```
<!DOCTYPE html>
<html lang="ja">
<head>
  <meta charset="UTF-8">
  <meta name="viewport"
    content="width=device-width, initial-scale=1.0">
  <title>Clock App</title>
  <link rel="stylesheet" href="style.css">
</head>
<body>
  <div class="clock">
    <div id="time"></div>
  </div>
  <script src="script.js"></script>
</body>
</html>
```

リスト4-3 style.css

```
body {
  background-color: black;
  color: white;
  font-family: Arial, sans-serif;
  text-align: center;
}
.clock {
  font-size: 5em;
  margin-top: 20vh;
}
```

リスト4-4 script.js

```
function updateTime() {
  const now = new Date();
  const hours = now.getHours().toString().padStart(2, '0');
  const minutes = now.getMinutes().toString().padStart(2, '0');
```

```
  const seconds = now.getSeconds().toString().padStart(2, '0');
  const timeString = `${hours}:${minutes}:${seconds}`;
  document.getElementById('time').textContent = timeString;
}

// Update time every second
setInterval(updateTime, 1000);

// Initial call to display time
updateTime();
```

特定要素へのCSS割り当て

では、今回のアプリのソースコードを見ていきましょう。まず、HTMLからです。ここでは時計の表示用に以下のようなタグが書かれています。

```
<div class="clock">
  <div id="time"></div>
</div>
```

clockというクラスを適用する<div>があり、その中にid="time"の<div>があります。<div>というタグは、これ自体は何も表示はしません。これは、複数のタグをまとめるのによく使われます。たとえば、class="clock"とすると、この<div>内にある要素すべてにclockというCSSのクラスが適用されるようになります。

では、このclockというクラスはどうなっているのでしょうか。style.cssを見ると、このように定義されていますね。

```
.clock {
  font-size: 5em;
  margin-top: 20vh;
}
```

font-sizeでフォントサイズを指定しています。ここでは「5em」としていますね。emというのは、相対的な大きさを示すもので、5emというのは「設定されているものの5倍」を示します。一般にWebブラウザでは標準フォントサイズに16ポイントが指定されていますので、5emで80ポイントが指定されることになります。

その後のmargin-topは、上方向のマージン(余白)を指定するものです。20vhというのは、ビューポートの高さの20%の幅を示します。これは「表示されるエリアの上から少し下のあたりに表示されるようにしている」と考えてください。

タイマーについて

今回のJavaScriptのポイントは、大きく2つあります。1つは「タイマー」の利用です。script.jsでは、updateTimeという関数を定義した後で、以下のような関数を呼び出していますね。

```
setInterval(updateTime, 1000);
```

これが、タイマーを設定するためのものなのです。タイマーは、一定の時間が経過したら処理を実行させるためのものです。どんなものか、AIに説明してもらいましょう。

リスト4-5 プロンプト

JavaScriptのタイマーについて簡単に説明して。

リスト4-6 応答

JavaScriptのタイマーは、特定の時間間隔や遅延後にコードを実行するための機能です。主な種類としては、以下の2つがあります。

1. setTimeout:

一定時間後に指定したコードを実行します。setTimeout関数は、第一引数に実行したい関数、第二引数に遅延時間(ミリ秒単位)を受け取ります。

```
setTimeout(function() {
    console.log("Hello after 3 seconds!");
}, 3000);
```

2. setInterval:

指定した間隔ごとに指定したコードを繰り返し実行します。setInterval関数は、第一引数に実行したい関数、第二引数に間隔時間(ミリ秒単位)を受け取ります。

```
setInterval(function() {
    console.log("Hello every 5 seconds!");
}, 5000);
```

これらのタイマーは、Webページ上でのアニメーションの制御や、定期的なデータの更新、自動保存機能など、さまざまな用途で活用されます。

今回、使ったタイマーは、2番目の「setInterval」というものです。この関数は、以下のような形で呼び出します。

```
setInterval( 関数, ミリ秒 );
```

これで、指定したミリ秒(1ミリ秒は1000分の1秒)が経過するごとに、第1引数の関数を実行するようになります。ここでは、1000ミリ秒(1秒)ごとにupdateTime関数が実行されるようにタイマーをセットしていたのですね。

ちなみに、このsetIntervalを実行すると、Webページが表示されている限り、ずっと一定間隔で関数が呼び出し続けられます。「もういいからやめて！」というときは、「clearInterval」という関数で停止できます。

●タイマーの実行

```
変数 = setInterval( 関数, ミリ秒 );
```

●タイマーの停止

```
clearInterval( 変数 );
```

setIntervalでタイマーを実行したときの戻り値を変数に保管しておき、止めたいときはclearIntervalで引数にタイマーの変数を指定します。setIntervalの戻り値を保管し忘れると、止める方法はありません。そのような場合はページをリロードして最初から実行し直すしかありません。

日時の値

もう1つのポイントは、「日時の値」の利用です。setIntervalで実行していたupdateTime関数では、現在の時刻から時分秒の値を取り出し、テキストにまとめて表示する、という処理を行っています。

日時の値は、数字や文字列のような単純なものではありません。年月日時分秒といった多数の値を組み合わせて使うものですから、それらを扱うための仕組みを持つ「Date」というオブジェクトとして用意されています。

updateTime関数では、まず最初にこのDateオブジェクトを作成しています。

```
const now = new Date();
```

これで、現在の日時を示すDateオブジェクトが作成されます。ここから、オブジェクトにあるメソッドを呼び出して時分秒の各値を取り出していきます。

Dateには、時間に関する特定の単位の値を取り出すためのメソッドがいろいろと用意されています。以下に整理しておきましょう。

●日付に関するもの

getDate	その月の何日目か
getDay	その週の何日目か(0 ~ 6)
getMonth	月の値(0 ~ 11)
getFullYear	年の値(西暦4桁)

●時刻に関するもの

getHours	時の値(1 ~ 23)
getMinutes	分の値(0 ~ 59)
getSeconds	秒の値(0 ~ 59)
getMilliseconds	ミリ秒の値(0 ~ 999)

いずれも引数はありません。Dateオブジェクトからこれらのメソッドを呼び出せば、その数値が得られます。

2桁で表示する

これで得た値をテキストにまとめて表示すれば、現在の時刻を表示できますが、ここではもう一捻りしています。それは、時分秒をすべて2桁で表示する、というものです。たとえば、メソッドで得た値が「1」だった場合も、「01」というテキストとして取り出すようにしているのですね。

これは、文字列にある「padStart」というメソッドを使っています。「え、文字列にメソッドがあるの?」と思った人。JavaScriptでは、数値や文字列、真偽値などもすべてオブジェクトとして扱えるようになっているのです。その中にあるメソッドを呼び出せば、こうしたシンプルな値もいろいろと操作できるようにしているのですね。

padStartは文字列のメソッドで、以下のように使います。

```
文字列.padStart( 文字数, 文字);
```

このメソッドは、第1引数の文字数の文字列を作るものです。文字数が足りない場合は、第2引数の文字を文字列の冒頭につけて埋めていきます。たとえば、"Hello".padStart(8, "*"); とすれば、"***Hello"という文字列が得られます。

これを利用し、"1".padStart(2, '0'); とすれば、"01"というテキストが得られるようになる、というわけです。

以上、「Dateから特定の要素の値を取り出す」「padStartで指定した文字数の文字列を得る」というのを合わせて実行しているのが、サンプルコードのupdateTime関数にあった以下の部分なのです。

```
const hours = now.getHours().toString().padStart(2, '0');
const minutes = now.getMinutes().toString().padStart(2, '0');
const seconds = now.getSeconds().toString().padStart(2, '0');
```

これで、hours, minutes, secondsには、それぞれ時分秒の値が2桁表記の文字列として取り出されます。

テンプレートリテラル

後は、これらをひとまとめにしてid="time"の要素に表示するだけです。この「ひとまとめにした文字列」の作成を行っているのがこの文です。

```
const timeString = `${hours}:${minutes}:${seconds}`;
```

また、不思議なものが出てきましたね。これは文字列の値ですが、前後にバッククォート(`)という見慣れないクォート記号を使っています。このバッククォートは、文字列内に改行などの制御文字を記述したり、変数を埋め込んだりすることができます。この「変数の埋め込み」を行っているのが、この記述なのです。

たとえば、ここにある${hours}という記述は、hoursの値をここに埋め込むことを示しています。このように、${名前}と記述することで、変数や定数を文字列内に埋め込めるのです。この他、式や関数の呼び出しなどをここに記述することも可能です。

このバッククォートを使った文字列は「テンプレートリテラル」と呼ばれます。この文字列は、実は文字列ではなく「文字列を生成するテンプレート」なのですね。実際には、これを元に変数などを埋め込んだ文字列が生成されて定数timeStringに代入されることになるのです。

このテンプレートリテラルは、前後をバッククォート(`)で括った場合のみ使えます。普通の文字列(シングルクォートやダブルクォートで括ったもの)では使えないので注意してください。

タイマーとDateは重要！

ここで使ったタイマーとDateオブジェクトは、Webアプリを作るとき、かなりよく使われるものです。難しそうに見えますが、何度か使って慣れてしまえば意外と簡単に利用できるようになるでしょう。ぜひ、ここで基本的な使い方を覚えておきましょう。

4-2 Section タイマーを作ろう

数字をカウントするだけのタイマー

時間を扱うアプリというのは、単純なものでも結構重宝するものです。時計と並んでよく利用される時間利用アプリとして「タイマー」を作ってみましょう。

タイマーというと、キッチンタイマーのように時間を設定して使うものもあれば、単にスタートすると経過時間を表示するストップウォッチのようなものもあります。まずはシンプルなものとして、「ボタンを押すと経過時間を表示するタイマー」を作ってみましょう。

今回も、HTML、CSS、JavaScriptの3つのファイルに分けて作ってもらうことにしましょう。

リスト4-7 プロンプト

```
タイマーのWebアプリのコードを作成してください。コードはHTML、JavaScript、CSSそれぞれ別ファイルに分けてください。
```

今回は、特に細かな仕様を指定せずに作らせてみました。タイマーというのは単機能でとても単純なものなので、逆にAIがどんなものを作るのか見てみることにしましょう。

今回作成されたアプリは、「スタート」「ストップ」「リセット」といったボタンを持つシンプルなものです。「スタート」ボタンをクリックするとタイマーがスタートし、1秒ごとに経過時間（分数と秒数）がリアルタイムに表示されます。「ストップ」を押すとタイマーが停止し、また「スタート」を押せば再開します。「リセット」を押すとゼロ時間に戻ります。

単にスタートしてからの経過秒数が表示されるだけで、決まった時間が経ったら知らせてくれるキッチンタイマーのような機能はありません。非常に単純なものなので、実際に使ってみればすぐに使い方もわかるでしょう。

図4-2 作成されたタイマー。「スタート」ボタンで開始、「ストップ」で停止、「リセット」でゼロに戻す。

タイマーのソースコード

では、作成されたタイマーのコードを掲載しましょう。今回も、「index.html」「style.css」「script.js」の3つのファイルを作成し、それぞれにコードを記述します。

リスト4-8 index.html

```
<!DOCTYPE html>
<html lang="ja">
<head>
  <meta charset="UTF-8">
  <meta name="viewport" content="width=device-width, initial-scale=1.0">
  <title>タイマー</title>
  <link rel="stylesheet" href="style.css">
</head>
<body>
  <div class="timer-container">
    <h1>Timer</h1>
    <div id="timer" class="timer-display">00:00</div>
    <div class="timer-controls">
      <button id="startBtn" onclick="startTimer();">スタート</button>
      <button id="stopBtn" onclick="stopTimer();">ストップ</button>
      <button id="resetBtn" onclick="resetTimer();">リセット</button>
    </div>
  </div>
  <script src="script.js"></script>
</body>
</html>
```

1
2
3
Chapter 4
5
6
7

リスト4-9 style.css

```
body {
  font-family: Arial, sans-serif;
  display: flex;
  justify-content: center;
  align-items: center;
  height: 100vh;
  margin: 0;
  background-color: #f0f0f0;
}

.timer-container {
  background-color: white;
  padding: 2rem;
  border-radius: 8px;
  box-shadow: 0 2px 8px rgba(0, 0, 0, 0.1);
  text-align: center;
}

.timer-display {
  font-size: 4rem;
  font-weight: bold;
  margin-bottom: 1rem;
}

.timer-controls button {
  margin: 0 0.5rem;
  padding: 0.5rem 1rem;
  font-size: 1rem;
  background-color: #007bff;
  color: white;
  border: none;
  border-radius: 4px;
  cursor: pointer;
}

.timer-controls button:hover {
  background-color: #0056b3;
}
```

リスト4-10 script.js

```
let timerInterval;
let minutes = 0;
let seconds = 0;
```

```
const timerDisplay = document.getElementById('timer');

function updateTimerDisplay() {
  const minuteStr = String(minutes).padStart(2, '0');
  const secondStr = String(seconds).padStart(2, '0');
  timerDisplay.textContent = `${minuteStr}:${secondStr}`;
}

function startTimer() {
  timerInterval = setInterval(() => {
    seconds++;
    if (seconds === 60) {
      minutes++;
      seconds = 0;
    }
    updateTimerDisplay();
  }, 1000);
  startBtn.disabled = true;
  stopBtn.disabled = false;
  resetBtn.disabled = false;
}

function stopTimer() {
  clearInterval(timerInterval);
  startBtn.disabled = false;
  stopBtn.disabled = true;
  resetBtn.disabled = false;
}

function resetTimer() {
  clearInterval(timerInterval);
  minutes = 0;
  seconds = 0;
  updateTimerDisplay();
  startBtn.disabled = false;
  stopBtn.disabled = true;
  resetBtn.disabled = true;
}
```

アプリの基本設計

先に作成した時計アプリなどは、ただ時刻を表示するだけでしたが、タイマーはタイマーの開始や停止、初期状態に戻すなどの機能が必要になります。こうしたアプリを作成する場合、まず「どんなアプリを作るのか」という基本設計をきちんと理解しておく必要があります。

　では、今回のタイマーについて簡単に整理しましょう。

●どんな機能が必要か

- タイマーの表示。
- 開始、停止、リセットのための機能。

●どんなUIを用意するか

- 表示はテキスト。
- 各機能はプッシュボタンとして用意。

　単純ですが、こうした基本的な設計をしっかりと決めておくと、プログラムの構成なども頭に入りやすくなります。

　AIにアプリを作成してもらう場合、こうした作業を飛ばしていきなりコードを受け取ることになります。コードをすべて作ってくれるのは大変便利ですが、それに慣れてしまうと「アプリの基本設計」の技術がいつまでたっても身につきません。

　作成されたコードをただコピー＆ペースとして動かすのではなく、「どのような機能が用意されているのか」「それらを使えるようにするため、どのようなUIが作られているのか」といったことをよく確認しながらコードを読むようにしてください。

タイマーのコードを確認する

　では、作成されたタイマーのソースコードを見ていきましょう。まず、HTMLのUI部分をチェックしましょう。

　タイマーの時間表示は以下のようなものを用意してあります。

```
<div id="timer" class="timer-display">00:00</div>
```

　このid="timer"の要素に時間のテキストを設定することでタイマー表示を行うわけですね。そして、タイマーを操作するために、以下のようなUIが用意されています。

```
<div class="timer-controls">
   <button id="startBtn" onclick="startTimer();">スタート</button>
   <button id="stopBtn" onclick="stopTimer();">ストップ</button>
   <button id="resetBtn" onclick="resetTimer();">リセット</button>
</div>
```

3つの<button>があり、それぞれにonclick="startTimer();"、onclick="stopTimer();"、onclick="resetTimer();"とクリック時の処理が用意されています。ここに割り当てられている3つの関数で、タイマーのスタート、ストップ、リセットを行うようになっているのですね。

スクリプトの内容を確認する

では、script.jsにどのようなコードが用意されたか見てみましょう。まず、コード全体の構成を確認しておきます。このscript.jsには、以下のような関数が用意されています。

updateTimerDisplay	タイマーの表示を更新するための処理です。
startTimer	タイマーを開始する処理です。
stopTimer	タイマーを停止する処理です。
resetTimer	タイマーをリセットするためのものです。

UIとして用意した3つのボタンにはstartTimer, stopTimer, resetTimerといった関数を割り当てていましたが、それ以外にも表示更新のためのupdateTimerDisplayという関数が用意されているのですね。

コードというのは、ただ「ボタンなどで使うものを用意して、そこにずらっとすべての処理を書けば良い」というわけではありません。たとえば、いくつかの関数で同じことを実行するなら、それは関数として切り分けて呼び出せるようにしたほうが良いでしょう。また、処理があまりに長くなりそうなら、機能ごとに処理を関数に分けて整理したほうがコードの構造もよくわかるようになります。

「なぜ、この関数を定義してあるのだろう」ということを考えながらコードを読むと、より深く理解できるようになるでしょう。

必要な値の初期化

では、コードの内容についてポイントごとに説明をしていきましょう。まず最初にあるのは、必要な値を初期化する処理です。

```
let timerInterval;  // タイマーを保管するもの
let minutes = 0;  // 分数を保管するもの
let seconds = 0;  // 秒数を保管するもの

// タイマーの時間を表示するエレメント
const timerDisplay = document.getElementById('timer');
```

このような値が変数に用意されています。今回のサンプルでは、時間を分と秒の値をそれぞれ変数に収めて管理していることがわかります(もちろん、1つの値で管理して、そこから分と秒の値を計算する方法もあります)。

時間表示のフォーマットと更新

まずは、時間の表示を更新するupdateTimerDisplay関数からです。ここでは、まず分数と秒数を2桁の文字列として取り出しています。

```
const minuteStr = String(minutes).padStart(2, '0');
const secondStr = String(seconds).padStart(2, '0');
```

String(minutes)というのは、数値であるminutesから文字列の値を作成するものです。padStartは既に説明しましたね。これで2桁の数字の文字列を用意しています。

こうして分と秒の値が得られたら、これらをフォーマットリテラルで1つの文字列にしてtimerDisplayに表示しています。

```
timerDisplay.textContent = `${minuteStr}:${secondStr}`;
```

表示の更新は、このように「数値を使って決まったフォーマットの文字列を作成し、指定の要素に設定する」というやり方で行っています。

タイマーの処理

タイマーの開始は、startTimer関数で行っています。ここで実行しているのは、以下のような文です。

```
timerInterval = setInterval(() => {……});
startBtn.disabled = true;
stopBtn.disabled = false;
resetBtn.disabled = false;
```

disabledというのは、その要素を無効にするかどうかを指定するプロパティです。ここでは、startBtnを無効にし、他の2つ(stopBtnとresetBtn)を無効にしないように設定しています。タイマーをスタートした後で更にスタートのボタンを押されると面倒なことになる(複数のタイマーが作動してしまうかも?)ため、スタートしたらボタンを無効にしているのですね。

さて、この関数の最重要部分は、setIntervalで実行する処理でしょう。このsetIntervalでは、引数にアロー関数が用意されています。アロー関数、覚えてますか？ (引数)=>{……}という形で書く関数でしたね。

setIntervalは、一定間隔ごとに処理を実行するものでした。ここでは呼び出し間隔に1000を指定しています。これにより、1000ミリ秒(1秒)ごとに処理が実行されます。呼び出される処理は、以下のようなものです。

```
seconds++;
if (seconds === 60) {
  minutes++;
  seconds = 0;
}
```

まず、秒の値であるsecondsを1増やします。そしてsecondsが60になったら、分の値であるminutesを1増やし、secondsをゼロに戻します。これを1秒ごとに繰り返し実行することにより、1秒ごとにsecondsの値が増えていく(そして60になるとminutesが1増える)というタイマーの基本的な仕組みが出来上がります。

最後に、updateTimerDisplayを呼び出して表示を更新すれば作業完了です。

タイマーの停止

タイマーの停止は、stopTimer関数で行っています。ここで行っている処理は、タイマーの破棄とボタンの無効状態の変更です。

```
clearInterval(timerInterval);
startBtn.disabled = false;
stopBtn.disabled = true;
resetBtn.disabled = false;
```

タイマーの停止は、setIntervalで作成したタイマーをclearIntervalで無効化することで行えます。そしてstartBtnとresetBtnを使えるようにし、stopBtnを無効にしておきます。これで、タイマーのリセットとスタートが使えるようになり、ストップが使えないようになりました。

タイマーのリセット

残るは、タイマーのリセットです。これもstopTimerとやっていることはほぼ同じです。stopTimerの処理に加えてminutesとsecondsをゼロにする処理が追加されているだけです。

これで、タイマーのコードはだいたいわかりました。タイマーというから時間の値を使ったものかと思ったら、そうではありませんでしたね。setIntervalを利用し、1秒ごとに経過時間の値を1ずつ増やして表示するだけのものだったのですね。

こんな単純なものでちゃんとしたタイマーになるのか？ と思った人もいることでしょう。実際に試してみるとわかりますが、これでちゃんと正確にタイマーが動いてくれます。setIntervalによる呼び出しは、意外に正確なのです。

ただし、setIntervalで実行する処理が非常に時間のかかるものだったりすると処理の呼び出しに遅延が生じます。シンプルな処理を呼び出すのであれば、setIntervalは十分役に立ちますが、厳密な時間設定が必要な場合は別の方法を考えたほうが良いでしょう。

指定時間からカウントダウンするタイマー

これでタイマーはできましたが､しかしおそらく多くの人が想像するタイマーというのは､あらかじめ時間を指定しておいて、カウントダウンしていくようなものでしょう。応用例として、こうしたカウントダウン方式のタイマーを作ってみましょう。

HTMLとCSSは先ほどのタイマーをそのまま利用し、JavaScriptのコードだけを修正してタイマーの仕組みを変更することにしましょう。script.jsの内容を以下に書き換えてください。

リスト4-11 script.js

```
let timeMinute = 3;
let timeLeft = timeMinute * 60;
let timerId;

function formatTime(seconds) {
  const minutes = Math.floor(seconds / 60);
  const remainingSeconds = seconds % 60;
  const minuteStr = minutes.toString().padStart(2, '0');
  const secondStr = remainingSeconds.toString().padStart(2, '0');
  return `${minuteStr}:${secondStr}`;
}

function updateTimerDisplay() {
  document.getElementById('timer').textContent = formatTime(timeLeft);
}

function startTimer() {
  if (!timerId) {
    timerId = setInterval(() => {
```

```
        if (timeLeft > 0) {
            timeLeft--;
            updateTimerDisplay();
        } else {
            stopTimer();
            timerId = null;
            timeLeft = timeMinute * 60;
            updateTimerDisplay();
            alert('時間です！');
        }
    }, 1000);
  }
}

function stopTimer() {
  clearInterval(timerId);
  timerId = null;
}

function resetTimer() {
  let minutes = prompt("何分間セットしますか。",timeMinute);
  if (minutes == null){ return; }
  clearInterval(timerId);
  timerId = null;
  timeMinute = +minutes;
  timeLeft = timeMinute * 60;
  updateTimerDisplay();
}

updateTimerDisplay();
```

図4-3 「リセット」ボタンを押すと、タイマーの分数を入力する。

今回は、「リセット」ボタンを押すと、タイマーをかける分数を入力するようになります。たとえば、「5」と入力すれば、タイマーの表示が「05:00」となり、5分のタイマーになります。これは小数も使えます。たとえば、「0.25」とすれば15秒のタイマーになります。

「スタート」ボタンでタイマーを開始すると、設定された時間から1秒ごとに値が減っていくのがわかるでしょう。そして時間になると、画面に「時間です！」というアラートが表示されます。

図4-4 時間になると、アラートが表示される。

コードを確認する

では、こちらのコードも内容を確認しましょう。ここでは、以下の3つの変数と、タイマー表示用のエレメントを用意しています。

```
let timeMinute = 3;
let timeLeft = timeMinute * 60;
let timerId;
```

見ればわかるように、今回は「timeMinute」という値でタイマーの時間を設定しています。この値を60倍して秒数の値を計算し、変数timeLeftに保管します。timeMinuteは分数を入力するためのもので、実際にタイマーの残り時間を扱うのはtimeLeftになります。
最後のtimerIdは、setIntervalで作成したタイマーを保管するためのものです。

作成されているコードの構成は、基本的に同じです。タイマー操作のstartTimer、stopTimer、resetTimer。表示の更新関係は、updateTimerDisplayとformatTimeの2つに分かれていますが、やっていることはだいたい同じです。コードの基本的な構成は変わらず、実行している処理が少し変わっただけなのですね。

タイマーの時間表示

タイマーの表示は、updateTimerDisplay関数で行っています。この関数では、formatTime関数の戻り値をid="timer"に表示しているだけです。実際に表示する値を作成しているのはformatTime関数になります。
ここでは、まずsecondsの値から分数と秒数の値を算出します。

```
const minutes = Math.floor(seconds / 60);
const remainingSeconds = seconds % 60;
```

secondsはタイマーの時間を秒数に換算した値です。これを60で割れば分数が得られ、その残りが秒数になります。割った値は実数なので、Math.floorというもので整数部分のみを取り出しています。Mathは数値演算の機能をまとめたオブジェクトで、floorは小数点以下切り捨てのためのメソッドです。

```
const minuteStr = minutes.toString().padStart(2, '0');
const secondStr = remainingSeconds.toString().padStart(2, '0');
```

分数と秒数の数値から、それぞれ2桁の文字列を作成します。この値を組み合わせて表示する時間の文字列を作成し、返しています。

```
return `${minuteStr}:${secondStr}`;
```

行っていることは、先ほどとだいたい同じことがわかるでしょう。ただ、先のタイマーでは分と秒の値をそれぞれ保管していましたが、今回のコードでは1つの秒数を示す値だけで管理するようになっている、という違いがあるのですね。

タイマーの開始

タイマーの開始はstartTimerで行います。ここでは、!timerIdという値をチェックしていますね。timerIdは、setIntervalの戻り値が入っている変数です。この戻り値は、割り当てられたタイマー機能のIDが保管されます。スタートしていなければ、このtimerIdの値は「null」という値になります。これは何もない状態(値が存在しない状態)を表す特別な値です。JavaScriptでは、nullという状態を真偽値に型変換するとfalseになります。

!timerIdで使われている「!」という演算子は「真偽値の値を逆にしたもの」です。つまり、!timerIdは「timerIdがtrueならばfalse、falseならばtrue」を示します。つまり、このif (!timerId)という条件は、「timerIdがnullならば(つまりタイマーが実行中でないなら)処理を実行する」というものだったのです。

さて、ここで実行しているsetIntervalのアロー関数の処理を見てみましょう。ここでは以下のようなことを行っていました。

```
if (timeLeft > 0) {
  timeLeft--;
  updateTimerDisplay();
} else {
  stopTimer();
  timerId = null;
  timeLeft = timeMinute * 60;
  updateTimerDisplay();
  alert('時間です！');
}
```

timeLeftは、残りの秒数を示す変数でしたね。これがゼロ以上なら、timeLeftの値を1減らし、updateTimerDisplayで表示を更新します。

そうでないなら(つまりゼロになっていたら)、stopTimerでタイマー停止の作業をし、timerId とtimeLeftの値を初期状態に戻します。そして、alert関数で「時間です！」と知らせます。

タイマーの停止

続いて、タイマーの停止を行っているstopTimer関数です。これはタイマーを解除し、timerIdをnullにしているだけです。

```
clearInterval(timerId);
timerId = null;
```

ボタンの無効化などは行っていません。startTimerで、timerIdにタイマーIDが割り当てられていると実行されないようにしてあるので、ボタンを無効化する必要がなくなったのですね。

タイマーのリセット

残るはタイマーのリセットを行うresetTimer関数です。ここでは、まずprompt関数を使って、設定する分数を入力してもらい、それをminutesに代入しています。

```
let minutes = prompt("何分間セットしますか。",timeMinute);
if (minutes == null){ return; }
```

promptという関数は、画面にテキストを入力するダイアログを表示するものです。引数には、ダイアログに表示するメッセージと初期値を指定できます。

これで入力した値がminutesという変数に代入されます。もしキャンセルした場合は、minutesの値はnullになるので、その場合は何もしないで関数を抜けるようにしています。

分数を入力してもらったら、clearIntervalでタイマーをクリアし、timerIdの値をnullに戻した後、timeMinuteとtimeLeftの値を設定します。

```
timeMinute = +minutes;
timeLeft = timeMinute * 60;
```

ここでは、+minutesという値をtimerMinuteに代入していますね。この最初の「+」は、正の数値を表す+です。promptの戻り値は、文字列なのです。冒頭に+をつけると、その値は自動的に数値に型変換されるのですね。

そして、得られた分数に60をかけて秒数換算したものをtimeLeftに代入しておきます。後は、updateTimerDisplayで表示を更新して作業完了です。

2つのタイマーを作成しましたが、いずれも基本的なプログラムの構成はほぼ同じです。ただ、時間経過による値の増減、リセット時の処理(タイマー時間のセットなど)が異なるだけです。

アプリの基本ができていれば、このようにコードを少し修正することで動作の異なるものを作ることができます。「タイマーのコードができたからおしまい」ではなくて、「アレンジしてこんなタイマーにするにはどうしたらいいだろう」といったことを考えて、少しずつアプリのカスタマイズに挑戦してみると面白いでしょう。

4-3 Section 計算アプリを作ろう

四則演算アプリ

プログラミングができるようになって、まず実感するのは「計算」に関するものでしょう。プログラムを作成すれば、さまざまな計算が飛躍的に簡単に行えるようになります。計算こそは、プログラミングの基本といってもいいくらいです。そこで、簡単な計算を行うプログラムを作成してみることにしましょう。

まずは、四則演算を行う簡単なプログラムから作ってみましょう。ここでは、以下のようにプロンプトを用意しました。

リスト4-12 プロンプト

ブラウザで動くWebアプリのコードを作成してください。仕様は以下になります。

- 2つの数値を入力するフィールドを用意する。
- これらの変数を使った四則演算を行い、結果を表示する。
- ファイルはindex.html、style.css、script.jsの3つで構成する。

AIからの応答は、かなりさまざまなものが作られるでしょう。皆さんが試しても、同じコードが作成されるわけではないので、ここでは当方で得られたコードを掲載し、説明することにします。

生成されたアプリには、2つの数値を入力するフィールドと、加減乗除の演算記号を選択するプルダウンメニューが用意されています。これらで数値と演算記号を選択し、ボタンをクリックすると、計算した答えが表示されます。シンプルですが、計算プログラムの基本としては手頃なものでしょう。

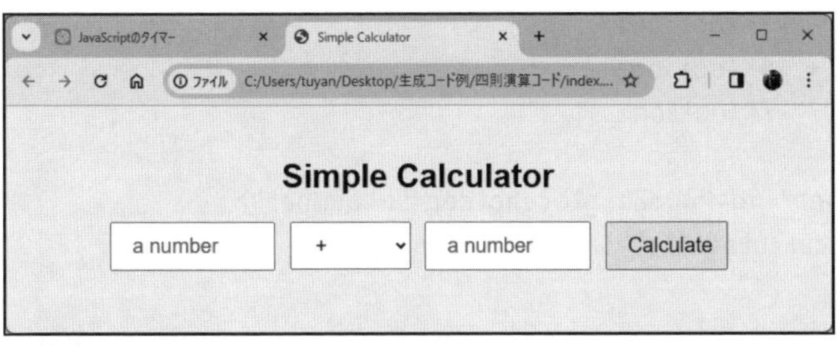

図4-5　計算アプリ。2つの入力フィールドと演算記号を選択するプルダウンメニュー、計算のボタンがある。

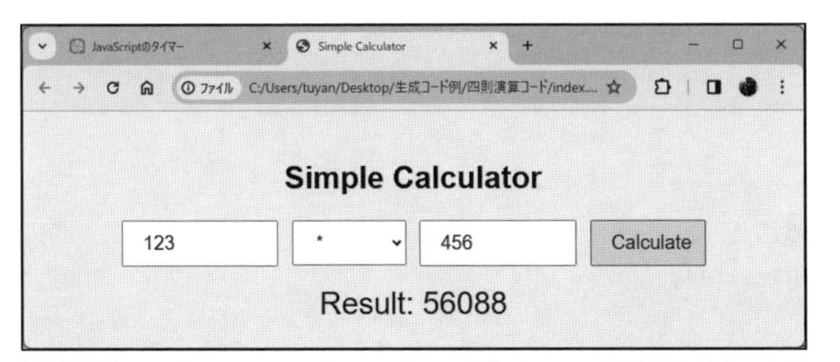

図4-6　数値と記号を入力してボタンを押すと、計算結果が表示される。

計算アプリのソースコード

では、生成されたコードを掲載しましょう。今回も、アプリは「index.html」「style.css」「script.js」の3つのファイルで構成されています。

リスト4-13 index.html

```
<!DOCTYPE html>
<html lang="ja">
<head>
  <meta charset="UTF-8">
  <meta name="viewport"
  content="width=device-width, initial-scale=1.0">
  <title>Simple Calculator</title>
  <link rel="stylesheet" href="style.css">
</head>
<body>
  <div class="container">
    <h1>Simple Calculator</h1>
    <form id="calculatorForm" onsubmit="return false;">
      <input type="number" id="num1" placeholder="a number">
      <select id="operator">
        <option value="+">+</option>
```

```
            <option value="-">-</option>
            <option value="*">*</option>
            <option value="/">/</option>
          </select>
          <input type="number" id="num2" placeholder="a number">
          <button onclick="calculate();">Calculate</button>
        </form>
        <div id="result"></div>
      </div>
      <script src="script.js"></script>
    </body>
    </html>
```

リスト4-14 style.css

```
body {
  background-color: #f5f5f5;
  font-family: Arial, sans-serif;
  text-align: center;
}

.container {
  margin-top: 50px;
}

h1 {
  font-size: 2em;
  margin-bottom: 25px;
}

input[type="number"], select, button {
  font-size: 1.25em;
  padding: 10px 20px;
  margin: 0 5px;
  width: 120px;
}

button {
  cursor: pointer;
}

button:focus {
  outline: none;
}

#result {
```

```
  font-size: 2em;
  margin-top: 20px;
}
```

リスト4-15 script.js

```
function calculate(event) {
  const value1 = document.getElementById('num1').value;
  const value2 = document.getElementById('num2').value
  const num1 = parseFloat(value1);
  const num2 = parseFloat(value2);
  const operator = document.getElementById('operator').value;

  let result;

  switch (operator) {
    case '+':
      result = num1 + num2;
      break;
    case '-':
      result = num1 - num2;
      break;
    case '*':
      result = num1 * num2;
      break;
    case '/':
      result = num1 / num2;
      break;
    default:
      result = 'Invalid operator';
  }

  document.getElementById('result').textContent = `Result: ${result}`;
}
```

コードを確認しよう

では、コードを見ながら説明をしていきましょう。まずはUIからです。index.htmlには、計算のための値を入力するフォームが以下のように用意されています。

```
<form id="calculatorForm" onsubmit="return false;">
  <input type="number" id="num1" placeholder="a number">
  <select id="operator">
```

```
    <option value="+">+</option>
    <option value="-">-</option>
    <option value="*">*</option>
    <option value="/">/</option>
  </select>
  <input type="number" id="num2" placeholder="a number">
  <button onclick="calculate();">Calculate</button>
</form>
```

<form>にはonsubmit="return false;"を指定して送信されないようにしてあります。この中に、2つの<input type="number"が用意されています。type="number"は、数値を入力するためのフィールドを作成します。

フィールドの間に、<select>というUIが用意されていますね。これが、プルダウンメニューを作成するものです。これは、<select> ~ </select>というように記述され、その間に<option>という要素を用意します。これが、プルダウンメニューに表示される項目になります。メニューから項目が選択されると、その<option>のvalue属性に指定したものが値として得られるようになっています。

フォーム最後の<button>では、onclick="calculate();"が指定されています。これにより、ボタンをクリックするとcalculate関数が実行され、この関数の中で計算の処理を行うことになります。

calculate関数について

肝心のcalculate関数は、まずid="num1"とid="num2"のそれぞれの項目から入力された値を取り出し、数値として取得します。

```
const value1 = document.getElementById('num1').value;
const value2 = document.getElementById('num2').value
const num1 = parseFloat(value1);
const num2 = parseFloat(value2);
```

parseFloatというのは、引数の値を実数に変換する関数です。parseFloat(値)とすることで、引数の値を実数の値に変換します。

これで入力した2つの値が数値として取り出せました。続いて、選択した演算記号の値を取り出します。

```
const operator = document.getElementById('operator').value;
```

id="operator"の値を取り出しています。<select>のプルダウンメニューでは、選択された<option>のvalue属性の値が取り出されます。後は、この値が何かによって計算を行えば良いのですね。

```
switch (operator) {
  case '+':
    result = num1 + num2;
    break;
  case '-':
    result = num1 - num2;
    break;
  case '*':
    result = num1 * num2;
    break;
  case '/':
    result = num1 / num2;
    break;
  default:
    result = 'Invalid operator';
}
```

switchを使ってoperatorの値ごとにcaseを用意しています。たとえばcase '+':ならば、「+」記号が選択されていますから、result = num1 + num2;というように2つの値を足し算した答えをresultに代入しています。

このように、ここでは演算記号ごとに計算を行い、その結果をresultに保管する処理を行っているのです。

これで結果がresultに用意されました。後はこの値をid="result"の要素に表示するだけです。

```
document.getElementById('result').textContent = `Result: ${result}`;
```

これで選択した演算記号を使った計算結果が表示されます。

ここでは<select>による演算記号の選択を行いましたが、<select>とswitchによる多項分岐は非常に相性がいい組み合わせです。「<select>でいくつかの選択肢を用意し、選んだ項目ごとの処理はswitchで分岐して行う」という形でコードを作成するのですね。

そう難しいものではないので、ぜひここで使い方を覚えておきましょう。メニューが使えるようになると、アプリの表現力もぐっとアップしますよ。

日付計算アプリを作ろう

計算というのは、数値以外のものでも行います。非常によく利用されるのは「日時の計算」でしょう。日時というのは、普通の数値とは扱いが異なります。簡単な計算でも、できるとかなり便利なのです。

今回は、2つの計算機能を持ったアプリを作ってもらいましょう。2つというのは「ある日付から指定した日数が経過したら何日になるか」と「2つの日付の間は何日あるか」です。この2つは、日時の計算でもっともよく使われる計算でしょう。

では、AIにプロンプトを送ってコードを作成してもらうことにします。今回は、以下のようなプロンプトを考えてみました。

リスト4-16 プロンプト

```
ブラウザで動くWebアプリのコードを作成してください。アプリは、index.html、style.css、script.js
の3つのファイルで構成してください。このアプリには2つの機能が用意されます。それぞれの具体的な仕様は
以下になります。

1つ目の機能：

● 1つの日付と、日数を入力するフィールドを用意する。
● ボタンをクリックすると、選択した日付から、入力した日数が経過した日付を計算し表示す
  る。

2つ目の機能：

● 2つの日付を入力するフィールドを用意する。
● ボタンをクリックすると、2つの日付の間隔が何日あるかを計算し表示する。
```

これで、2つの日付計算機能を持ったWebアプリが作成されました。

今回のアプリは、2つのフォームが用意されています。1つ目は、日付と日数を入力するもので、ボタンをクリックすると、選択した日付から入力した日数が経過するといつになるかを計算し表示します。

もう1つは、2つの日付を入力するもので、ボタンをクリックすると、2つの日付の間が何日あるかを計算し表示します。

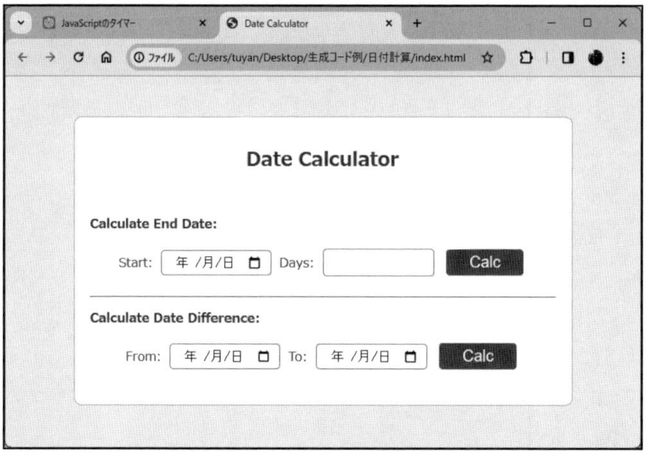

図4-7　作成されたアプリ。指定日数経過後の日付を計算する機能と、2つの日付の間が何日あるかを計算する機能がある。

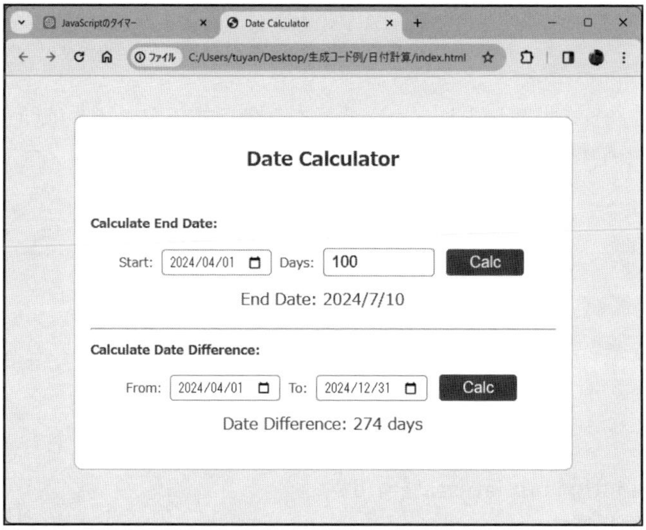

図4-8　それぞれの項目を入力してボタンを押すと、下に結果が表示される。

日付の入力は、年月日の値を指定しないといけないため、結構面倒ですが、最近のWebブラウザでは非常に簡単に入力が行えるようになっています。フィールドをクリックすると、日付を選択するためのパネルが現れ、マウスクリックで日付を入力できるのです。

ただし、この機能が使えるのはWebブラウザの実装次第です。対応していないWebブラウザでは、こうした日付を選ぶパネルは現れず、自分で年月日を入力しないといけないこともあります。「日付の入力はブラウザ次第」ということをよく理解しておきましょう。

図4-9　日付のフィールドは、クリックすると日付を選択するパネルがプルダウンして現れる。

アプリのソースコード

では、生成されたソースコードを掲載しましょう。今回も、使用するファイルは「index.html」「style.css」「script.js」の3つです。それぞれ以下のようにコードを記述していきましょう。

リスト4-17 index.html

```
<!DOCTYPE html>
<html lang="ja">
<head>
  <meta charset="UTF-8">
  <meta name="viewport"
  content="width=device-width, initial-scale=1.0">
  <title>Date Calculator</title>
  <link rel="stylesheet" href="style.css">
</head>
<body>
  <div class="container">
    <h1>Date Calculator</h1>
    <div>
      <h2>Calculate End Date:</h2>
      <label for="startDate">Start:</label>
      <input type="date" id="startDate">
      <label for="days">Days:</label>
      <input type="number" id="days">
      <button onclick="calculateEndDate()">Calc</button>
```

```
      <p id="endDate"></p>
    </div>
    <hr>
    <div>
      <h2>Calculate Date Difference:</h2>
      <label for="firstDate">From:</label>
      <input type="date" id="firstDate">
      <label for="secondDate">To:</label>
      <input type="date" id="secondDate">
      <button onclick="calculateDateDifference()">Calc</button>
      <p id="dateDifference"></p>
    </div>
  </div>
  <script src="script.js"></script>
</body>
</html>
```


リスト4-18 style.css

```
body {
  background-color: #f5f5f5;
  color: #666;
}

.container {
  background-color:white;
  max-width: 600px;
  margin: 50px auto;
  padding: 20px;
  border: 1px solid #ccc;
  border-radius: 10px;
  text-align: center;
}

h1 {
  font-size: 1.5em;
  margin-bottom: 50px;
}
h2 {
  text-align: left;
  font-size: 1.0em;
}

input {
  font-size:1.25em;
  padding: 5px 10px;
```

```
  width:120px;
  margin: 5px;
  border: 1px #999 solid;
  border-radius: 5px;
}

button {
  background-color: #007bff;
  color: white;
  font-size:1.25em;
  border: none;
  border-radius: 5px;
  margin: 5px;
  padding: 5px;
  width:100px;
}

button:hover {
  background-color: #0056b3;
}
p {
  font-size:1.25em;
  margin-top: 10px;
}
```


リスト4-19 script.js

```
function calculateEndDate() {
  const startValue = document.getElementById('startDate').value;
  const startDate = new Date(startValue);
  const daysValue = document.getElementById('days').value;
  const days = parseInt(daysValue);
  const milliseconds = days * 24 * 60 * 60 * 1000;
  const endDate = new Date(startDate.getTime() + milliseconds);
  const endDateElement = document.getElementById('endDate');
  endDateElement.innerText = "End Date: "
      + endDate.toLocaleDateString();
}

function calculateDateDifference() {
  const firstValue = document.getElementById('firstDate').value;
  const firstDate = new Date(firstValue);
  const secondValue = document.getElementById('secondDate').value;
  const secondDate = new Date(secondValue);
  const dif = Math.abs(firstDate.getTime() - secondDate.getTime());
  const daysDif = Math.ceil(dif / (1000 * 60 * 60 * 24));
```

```
  const dateDifElement = document.getElementById('dateDifference')
  dateDifElement.innerText = "Date Difference: " + daysDif + " days";
}
```

フォームの確認

では、ソースコードを見ていきましょう。まずはindex.htmlに用意されている入力フォームからです。ここでは2つのフォームが用意されています。

1つ目は、日付と日数を入力するためのフォームです。

```
<div>
  <h2>Calculate End Date:</h2>
  <label for="startDate">Start:</label>
  <input type="date" id="startDate">
  <label for="days">Days:</label>
  <input type="number" id="days">
  <button onclick="calculateEndDate()">Calc</button>
  <p id="endDate"></p>
</div>
```

コードを見てすぐに気がついたと思いますが、ここでは<form>を用意していません。<input>などの入力項目は、実は<form>がなくとも使えるのです。

日付の入力は、<input type="date">というタグを使っています。type="date"を指定することで、自動的に日付を選択するパネルが現れるようになっているのですね。またボタンには、onclick="calculateEndDate()"としてクリックするとcalculateEndDate関数が実行されるようにしています。最後にあるid="endDate"という<p>は、計算の結果を表示するためのものです。

2つ目のフォームも見てみましょう。

```
<div>
  <h2>Calculate Date Difference:</h2>
  <label for="firstDate">From:</label>
  <input type="date" id="firstDate">
  <label for="secondDate">To:</label>
  <input type="date" id="secondDate">
  <button onclick="calculateDateDifference()">Calc</button>
  <p id="dateDifference"></p>
</div>
```

こちらは、2つの<input type="date">が用意されています。ボタンにはonclick="c

alculateDateDifference()"と属性を用意し、クリックするとcalculateDateDifference関数が実行されるようにしています。その下のid="dateDifference"と指定された<p>は、このフォームの計算結果を表示するものです。

コードをチェックする

では、実行している処理を見てみましょう。まずは、calculateEndDate関数です。これは、日付に指定した日数を足すといつになるかを計算するものです。まず、id="startDate"とid="days"の値をそれぞれ変数に取り出します。

```
const startValue = document.getElementById('startDate').value;
const startDate = new Date(startValue);
const daysValue = document.getElementById('days').value;
const days = parseInt(daysValue);
```

id="startDate"の値は、それを元にnew Date(startValue)でDateオブジェクトを作成しています。Dateオブジェクトは、こんな具合にtype="date"の値を引数にしてnew Dateすると、選択した日時のDateを作成できるのです(このtype="date"で得られるvalueは「タイムスタンプ」という数値です。これはこの後で説明します)。

もう1つのid="days"は、parseIntという関数を使って整数値にしています。前にparseFloat関数を使いましたね。あれは実数として取り出すもので、parseIntは整数として取り出すものです。2つセットで覚えておくと良いでしょう。

ミリ秒数を加算する

では、日付の足し算はどのようにしているのでしょうか。日時の値というのは、実は1つの実数値として表すことができます。日時の値は、「1970年1月1日の午前零時」からの経過ミリ秒数の値に変換できるのです。この値は、一般に「タイムスタンプ」と呼ばれます。

したがって、あるDateから指定した日数が経過した日付は、Dateのタイムスタンプの値を取り出し、これに経過日数のミリ秒数を計算して足せば、その日数が経過した日時のタイムスタンプの値が得られます。これを元にDateを作成すれば良いのです。

では、コードを見ましょう。まず、daysの日数のミリ秒数を計算します。

```
const milliseconds = days * 24 * 60 * 60 * 1000;
```

そして、startDateのタイムスタンプにこのmillisecondsを足し、その値を元に新たにDateオブジェクトを作成します。

```
const endDate = new Date(startDate.getTime() + milliseconds);
```

Dateのタイムスタンプは「getTime」というメソッドで得ることができます。これにmillisecondsの値を足し、得られたタイムスタンプを引数にしてnew Dateします。これでmillisecondsが経過した日時のDateオブジェクトが作成されます。

後は、このDateの値をエレメントに表示するだけです。

```
const endDateElement = document.getElementById('endDate');
endDateElement.innerText = "End Date: "
    + endDate.toLocaleDateString();
```

Dateの値をテキストとして表示する方法はいろいろとありますが、ここでは「toLocaleDateString」というメソッドを使いました。これは、ローカル環境の日付のフォーマットで値を取り出すものです。これにより、「2024/1/23」というように日本で馴染みの形式で表した日付が得られます。

2つの日付の差を計算する

では、2つの日付の差を計算するcalculateDateDifferenceを見てみましょう。もう、「Dateはタイムスタンプという数値で表せる」ということがわかりましたから、こちらも計算の仕方は想像がつきますね。2つのDateのタイムスタンプを取り出し、引き算して得られた値を1日のミリ秒数で割れば、日数が得られます。

関数では、まず2つのtype="date"の値を取り出し、それぞれDateオブジェクトを作成します。

```
const firstValue = document.getElementById('firstDate').value;
const firstDate = new Date(firstValue);
const secondValue = document.getElementById('secondDate').value;
const secondDate = new Date(secondValue);
```

この2つのDateのタイムスタンプの値を引き算して結果を取り出します。Math.absというのは、値の絶対値を得るためのものです。

```
const dif = Math.abs(firstDate.getTime() - secondDate.getTime());
```

得られた値を1日のミリ秒数で割ります。割った値はMath.ceilというもので切り上げします。

```
const daysDif = Math.ceil(dif / (1000 * 60 * 60 * 24));
```

これで日数の値が得られました。後はこの結果をエレメントに表示するだけです。

```
const dateDifElement = document.getElementById('dateDifference')
dateDifElement.innerText = "Date Difference: " + daysDif + " days";
```

これで、id="dateDifference"のエレメントに結果が表示されました。「タイムスタンプにして計算する」というやり方を知っていれば、日時の計算は決して複雑なものではないことがわかったでしょう。

Webページ操作に必要なことは3つだけ

以上、この章ではごく簡単なWebアプリをいくつか作成し、そのコードを見てきました。いろいろなことをやったように思えますが、「WebページをJavaScriptで操作する」という点で考えた場合、必要な処理はたった3つだけなのです。

- **Webページの要素をエレメントとして取り出す。**
- **エレメントから入力した値を取り出す。**
- **エレメントに結果を表示する。**

ここで作成したすべてのWebアプリは、たったこれだけで動いています。それ以外の処理は、数値を計算したり、Dateを計算したり、setIntervalで処理を実行したり、といったWebページの操作以外の部分なのです。「Webページを操作する」という、Webアプリ開発のもっとも基本となるものは、この3つだけなのです。

もう少し本格的なアプリを作るようになると、この他にも覚えないといけないことが出てくるでしょう(たとえば、エレメントの属性を操作するとか、イベントを操作する、といったものです)。しかし、ここで作ったような「UIに何かを入力してもらい、その値を使って処理をする」というようなアプリならば、3つの基本操作だけで作れるのです。

1
2
3
Chapter 4
5
6
7

Chapter 5

遊べるアプリを作ろう

せっかくWebアプリを作るのですから、使って楽しいものがいいですね。ここでは、そうした「小さいけれど楽しめるアプリ」を作成しましょう。「占い」「じゃんけん」「お絵描き」といったものを作成します。

5-1 Section 占いアプリを作ろう

ランダムにメッセージを表示する「占い」

前章で、ごく簡単なWebアプリを作成しました。時計やタイマーなど、シンプルでもそれなりに使えるものを考えたつもりです。

この章では、実用的なものから「楽しめるもの」へと軸足を移してみましょう。Webアプリでは、いろいろと遊べるプログラムも作れます。これはゲームプログラムという意味ではなく、「使って楽しいアプリ」ですね。そんなものを作ってみましょう。

まずは、「占い」のアプリを作ってみましょう。占いは、Webでも一ジャンルを築くほどに人気のある分野です。シンプルなものから本格的なものまでたくさんの占いのサイトやアプリがありますね。

まだWebアプリ開発に慣れていませんから、ごく単純なものを作ることにしましょう。ボタンをクリックするとその日の運勢が表示される、といったシンプルなものです。まずはプロンプトを考えましょう。

リスト5-1 プロンプト

```
今日の運勢を占うWebアプリのコードを作ってください。仕様は以下の通りです。

● ボタンをクリックするとランダムに結果が表示される。
● 占いの結果は、楽しめる内容のものを20以上用意する。
● ファイルはindex.html, style.css, script.jsの3つで構成する。
```

これで生成されたコードに少し手を加えてWebアプリを作成しました。このアプリは、ボタンが1つあるだけのシンプルなものです。ボタンをクリックすると、その日の運勢を表示します。ボタンは一度クリックすると、もうクリックできません(Webページをリロードすればクリックできるようになります)。一日一回、アクセスしてクリックしてその日の運勢を占う、といった使い方をイメージしました。

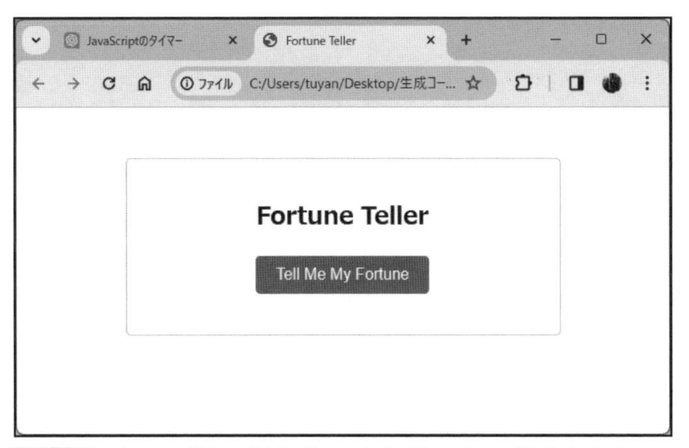

図5-1 占いアプリ。ボタンが1つあるだけのシンプルなものだ。

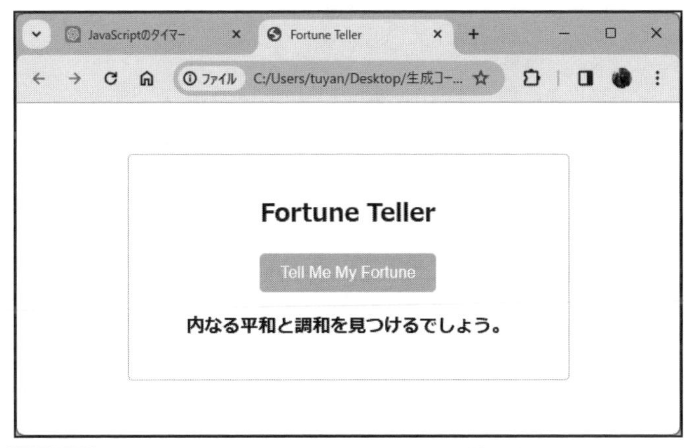

図5-2 ボタンをクリックすると、その日の運勢が表示される。

アプリのソースコード

では、Webアプリを作成しましょう。例によって、index.html、style.css、script.jsの3つのファイルを用意し、ソースコードを記述します。

リスト5-2 index.html

```
<!DOCTYPE html>
<html lang="ja">
<head>
  <meta charset="UTF-8">
  <meta name="viewport"
  content="width=device-width, initial-scale=1.0">
  <title>Fortune Teller</title>
```

```
  <link rel="stylesheet" href="style.css">
</head>
<body>
  <div class="container">
    <h2>Fortune Teller</h2>
    <button id="FortuneBtn"
      onclick="getRandomFortune()">
      Tell Me My Fortune</button>
    <p id="fortune"></p>
  </div>
  <script src="script.js"></script>
</body>
</html>
```

リスト5-3 style.css

```
.container {
  max-width: 400px;
  margin: 50px auto;
  padding: 20px;
  border: 1px solid #ccc;
  border-radius: 5px;
  text-align: center;
}

button {
  padding: 10px 20px;
  background-color: #007bff;
  color: #fff;
  border: none;
  border-radius: 5px;
  cursor: pointer;
  font-size: 16px;
}

button:hover {
  background-color: #0056b3;
}

button:disabled {
  background-color: #ccc;
  cursor: auto;
}

p {
  margin-top: 20px;
```

```
  font-size: 18px;
  font-weight: bold;
}
```

リスト5-4 script.js

```
const fortunes = [
  "明るい未来が待っています！",
  "すぐに特別な人に出会うでしょう。",
  "幸運があなたの道にやってきます。",
  "素晴らしい機会があなたの前に現れるでしょう。",
  "あなたの創造性が成功をもたらします。",
  "思いがけない良いニュースが届きます。",
  "新しい冒険があなたを待っています！",
  "思いもよらない場所で幸せを見つけます。",
  "あなたの親切さが報われます。",
  "ポジティブな変化が近づいています。",
  "あなたの努力が豊かな成果をもたらします。",
  "愛があなたのもとにやってきます。",
  "古い友人が再びあなたとつながります。",
  "あなたの経済状況が改善されます。",
  "すぐにエキサイティングな場所へ旅行するでしょう。",
  "新しい友情が花開くでしょう。",
  "あなたは人生の障害を乗り越えるでしょう。",
  "成功はあなたの手の届くところにあります。",
  "内なる平和と調和を見つけるでしょう。",
  "あなたの楽観主義が成功へと導きます。",
  "幸運の兆しがあなたのもとにやってきます。"
];

// ランダムに占いメッセージを選んで表示する
function getRandomFortune() {
  const randomIndex = Math.floor(Math.random() * fortunes.length);
  const fortune = fortunes[randomIndex];
  document.getElementById('fortune').innerText = fortune;
  document.getElementById('FortuneBtn').disabled = true;
}
```

コードの説明

ここでは、index.htmlに用意した<button>をクリックすると占いを実行するようになっています。ボタンには、onclick="getRandomFortune()"と属性が指定されています。script.jsにあるgetRandomFortune関数で、占いを行っています。

script.jsでは、まずfortunesという配列が用意されていますね。これが、運勢のメッセージです。AIには、20個以上の占いの結果を用意するように指示をして作成しました(数えたところ、21個ありますね)。どれもポジティブなものばかりで、ネガティブなメッセージがないのはいいですね。

getRandomFortune関数は、この配列からランダムに1つを選んで表示しているだけです。これは以下のように行っています。

```
const randomIndex = Math.floor(Math.random() * fortunes.length);
const fortune = fortunes[randomIndex];
```

「Math.random」というのが、乱数を得るためのメソッドです。これは、0以上1未満の実数をランダムに返します。fortunesからランダムにメッセージを選ぶのであれば、0から配列の要素数より少ない範囲で整数の乱数を作り、それをインデックスに指定してfortunesから要素を取り出せば良いのです。

0以上要素数未満のランダムな整数はどうやって得るのか? Math.randomで0以上1未満の乱数が得られますから、これにfortunesの要素数をかければ、0以上要素数未満の範囲の乱数が得られます。これはまだ実数ですから、Math.floorで実数の端数を切り捨てて整数部分のみを取り出しておきます。

こうして0から要素数未満の乱数が得られたら、それをインデックスに指定してfortunesから値を取り出します。これが今日の運勢のメッセージになります。

後は、id="fortune"の要素にメッセージを表示し、FortuneBtnのボタンを無効化してクリックできないようにして作業完了です。

今回のアプリは、とっても単純ですが、「乱数を使って項目を得る」というエンターテイメント系のアプリでは必須ともいえる機能を使っています。ここで乱数の使い方をしっかりと覚えておきましょう。

VSCodeのLive Serverを用意する

占いアプリはとても単純ですが、用意するメッセージ次第で結構楽しめます。ただ問題は、メッセージが配列として用意されているため、気軽に編集できない、という点でしょう。これが別ファイルになっていたなら、もっと簡単に扱えるはずですね。

たとえば、テキストファイルに占いのメッセージを記述しておき、ここからランダムに取り出して表示するようにしたら? テキストファイルなら誰でも簡単に編集できます。こうすれば、占いのメッセージも簡単に編集して書き換えられるようになります。

ただし! そのためにはちょっと考えないといけないことがあります。Webページからテキストファイルを読み込むことは、可能です。ただし、これはファイルに直接アクセスするのではなく、「ファイルが公開されているアドレスにアクセスしてコンテンツを取得する」というやり方をする必要があるのです。

つまり、Webアプリのファイルを Webブラウザで開いて使うのではなく、Webサーバーを起動し、Webアプリにアクセスして動かさないといけないのです。

「Webサーバーを起動してWebアプリを公開する？ そんな難しいことできないよ？」と思った人。いえ、確かに本格的にWebサーバーを導入して公開するとなると大変ですが、ローカル環境で動作テストのためにWebサーバーでWebページを公開するだけなら、それほど難しくはありません。ただし、準備が必要です。

VSCodeをインストールしよう

Webサーバーを使ってWebページにアクセスする方法はいくつかありますが、ここではVSCodeに用意されている拡張機能を利用することにします。VSCodeには、「Live Server」というHTMLファイルをその場でWebサーバーを使って公開できる便利な拡張機能があるのです。

ただし、この拡張機能は、Webアプリ版のVSCodeでは動かないのです。ローカル環境にアプリをインストールして使わないといけません。Web版VSCodeでこのツールにだいぶ慣れてきたことと思いますから、ここでローカル環境にアプリをインストールして使ってみることにしましょう。

以下のURLにアクセスして、プログラムをダウンロードしてください。

```
https://code.visualstudio.com/
```

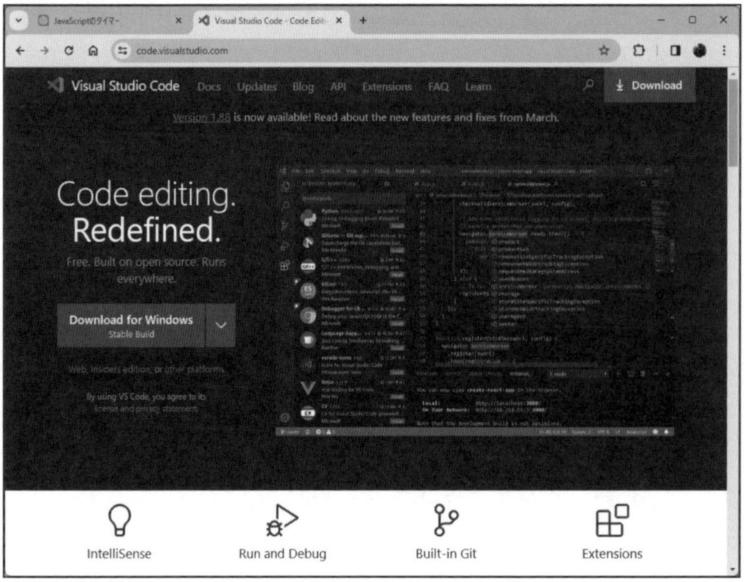

図5-3 VSCodeのページ。

ここにある「Download for ○○」というボタンをクリックすると、自分が使っているプラットフォーム用のVSCodeのプログラムがダウンロードされます。Windowsは専用のインストーラがダウンロードされるので、ダブルクリックしてインストールを行ってください(基本的にすべてデフォルトの設定で進めればOKです)。macOSの場合はZipファイルを展開するとそのままアプリが保存されます。

VSCodeにLive Serverを組み込む

では、インストールしたVSCodeを起動しましょう。アプリ版のVSCodeも、基本的にWeb版のVSCodeと使い方は変わりありません。メニューが、左上の「≡」アイコンではなく、メニューバーとしてちゃんと表示される点が違うぐらいでしょう。既にWeb版を使っていますから困ることはほとんどないはずです。

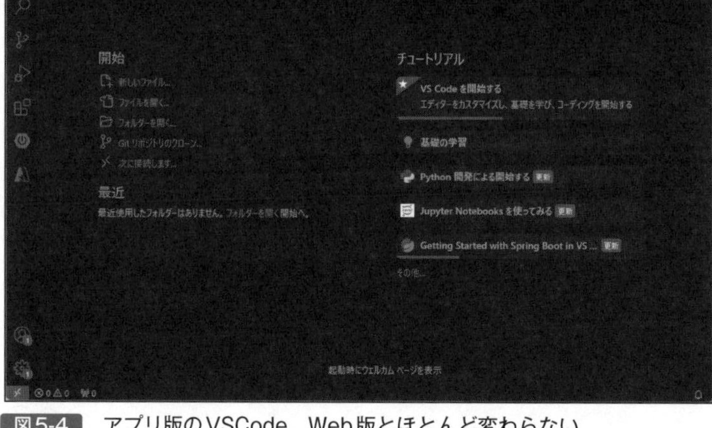

図5-4 アプリ版のVSCode。Web版とほとんど変わらない。

では、Live Serverをインストールしましょう。左側のアイコンバーから「拡張機能」のアイコンをクリックしてください。VSCode用の拡張機能のリストが表示されます。リストの上部にある検索用のフィールドに「live server」と入力し、その下に表示される「Live Server」をクリックしましょう。

図5-5 拡張機能の「Live Server」を検索する。

Live Serverの詳細ページが開かれます。ここにある「インストール」というボタンをクリックすると、プログラムをインストールします。インストールが完了したら、この拡張機能のページは閉じて構いません。

図5-6 Live Serverのページの「インストール」ボタンをクリックする。

Live Serverの起動と終了

では、Live ServerでWebページを公開しましょう。「占い」アプリのフォルダーをVSCodeで開いてください。そして、ウィンドウの右下を見てください。Live Serverがインストールされていると、ここに「Go Live」というテキストが表示されます。これをクリックすると、Webサーバーが起動し、現在開いているフォルダーのファイルにWebブラウザからアクセスできるようになります。

あるいは、index.htmlを右クリックし、ポップアップして現れたメニューから「Open with Live Server」というメニュー項目を選んでも公開することができます。なお、初めて起動したときには、Webブラウザを選択する画面が現れるかも知れません。その場合は、利用するブラウザを選んでください。

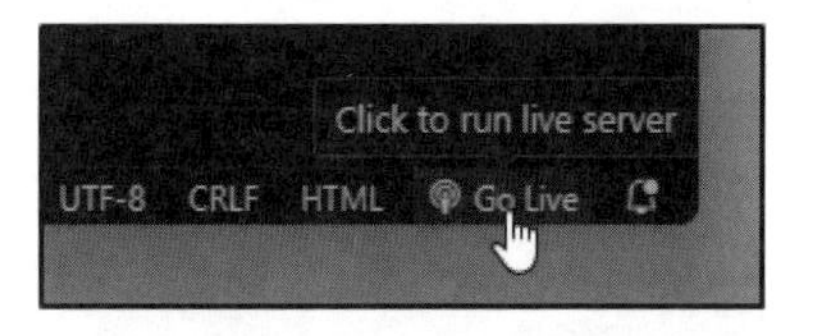

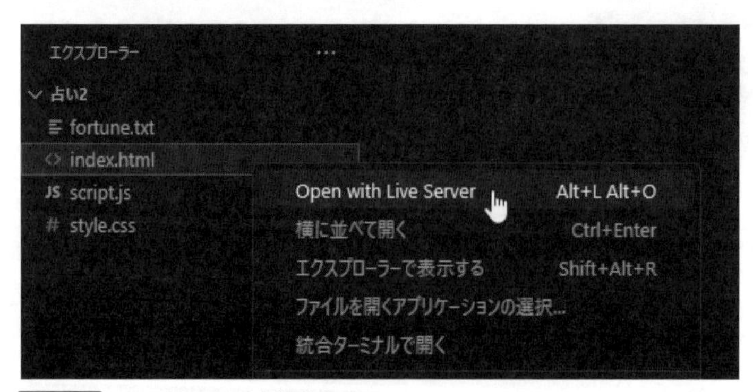

図5-7 Live Serverを起動する。

Live Serverを起動すると、自動的にWebブラウザが開かれ、index.htmlにアクセスします。ちゃんと「占い」アプリのページが表示されるのを確認しましょう。

アドレスバーを見ると、おそらく「http://localhost:5500/」というアドレスにアクセスをしているはずです。http://localhostというのがローカル環境で起動しているサーバーのドメインで、5500はポート番号(プログラムに割り当てられる識別番号)です。場合によっては、ポート番号が別の値になっていることもありますが、Webページがちゃんと表示されているならそのまま使って問題はありません。

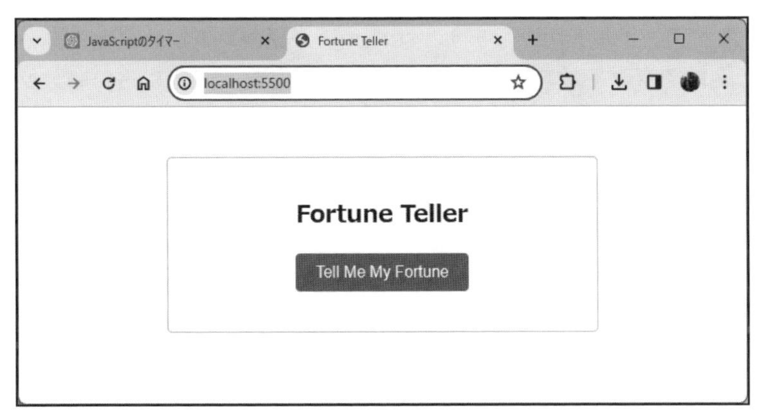

図5-8 Webサーバーにアクセスして Webページを表示する。

サーバーの停止

起動したWebサーバーは、VSCodeを終了すれば自動的に終了します。途中で停止させたい場合は、ウィンドウの右下にある「Port: 5500」という表示をクリックすれば停止します。

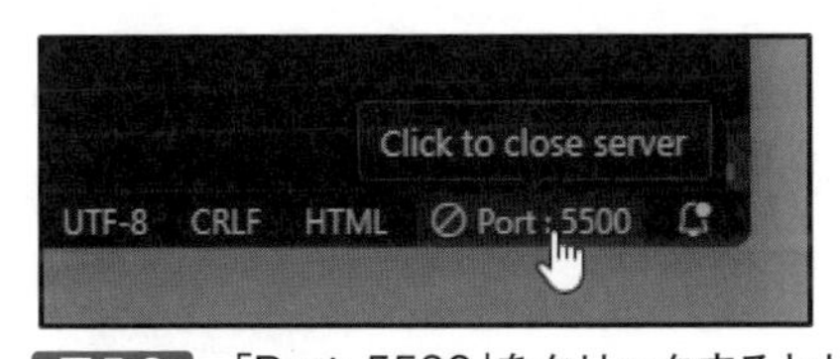

図5-9 「Port: 5500」をクリックするとサーバーが停止する。

これで、ローカルサーバーでWebアプリを公開し、アクセスできるようになりました。JavaScriptには、ファイルを直接開いた状態では使えず、サーバーにアクセスして利用する必要がある機能がいくつかあります(今回作るファイルを読み込むための機能もそうです)。こうした機能を使ったWebアプリを作った場合、必ず「サーバーにアクセスして動作確認する」という必要が生じます。

Live Serverを使えば、サーバーを起動しWebアプリをローカル上で公開する作業がワンクリックで行えるようになります。今後も使うことがありますから、Live Serverに慣れておきましょう。

占いデータをテキストファイルから読み込む

では、占いデータをテキストファイルで用意して、これを読み込んで利用するようにしてみましょう。

まず占い用のテキストファイルを用意します。script.jsが置かれているフォルダー内に「fortune.txt」という名前でファイルを作成してください。そして、ここに占いのメッセージを記述しましょう。

リスト5-5 fortune.txt

```
明るい未来が待っています！
すぐに特別な人に出会うでしょう。
幸運があなたの道にやってきます。
素晴らしい機会があなたの前に現れるでしょう。
……以下略……
```

メッセージは1つ1つ改行して記述してください。また、末尾に余計な改行などを付けないように注意しましょう。

では、ソースコードを修正しましょう。まず、index.htmlを開いてください。そして<body>タグを以下のように書き換えます。

リスト5-6 index.htmlの<body>タグ

```
<body onload="setup()">
```

このonloadというのは、<body>のロードが完了したときのイベントです。これで、Webページの読み込みが完了したらsetup関数を呼び出すようになります。

では、スクリプトを編集しましょう。script.jsの内容を以下のように修正してください。

リスト5-7 script.js

```
var fortunes = ["no data..."];

// セットアップを行う関数
function setup() {
  // fortune.txtファイルをフェッチしてテキストを取得
  fetch("fortune.txt")
    // レスポンスからテキストデータを取得
    .then(response => response.text())
```

```
    // テキストを改行で分割して配列に格納
    .then(text => {
      const lines = text.split('\n');
      fortunes = lines; // fortunes配列に格納
    })
    // エラーハンドリング
    .catch(error => console.error('Error loading fortunes:', error));
}

function getRandomFortune() {
  ……変更なしのため省略……
}
```

fetch関数によるネットワークアクセス

ここでは、<body>のonloadに設定したsetup関数で、fortune.txtから占いのメッセージデータを配列に読み込む処理を行っています。

このsetup関数では、「fetch」というものを使っています。これは、指定したアドレスにアクセスしてコンテンツを取得する関数で、以下のように呼び出します。

```
fetch( アドレス );
```

ここでは、fetch("fortune.txt")というように呼び出していますね。これで、同じ場所にあるfortune.txtにアクセスをします。

問題は、「取得したコンテンツをどう得るか」です。このfetchという関数は「非同期関数」なのです。非同期関数というのは、処理をバックグラウンドで実行する関数のことです。

ネットワークアクセスというのはそれなりに時間がかかります。他のサイトにアクセスし、そこからコンテンツを送信してもらってそれを受け取り、ようやく作業が完了します。もし、取得するコンテンツが数GB、数十GBなんてものだったら、実行してから終了するまでひたすら待ち続けないといけません。

そこで、非同期関数です。fetchはアクセスを実行すると、そのまま(まだアクセスしている途中でも)次の文に進んでしまうのです。そして実際のアクセス処理はバックグラウンドで実行されるのですね。このため、どんなに巨大なファイルにアクセスをしていても、fetchの実行時間は瞬時です。直ぐに次の処理へと進み、実際のネットワークアクセスはバックグラウンドで時間をかけて行うのです。

Promiseオブジェクトと「then」

では、どうやってバックグラウンドで実行されているアクセスの作業が完了した後の処理を用意すれば良いのか。実をいえば、fetchはまったく何の値も返さないわけではありません。アクセスして得たコンテンツは返しませんが、代わりに「Promise」というオブジェクトを返します。

このPromiseは、「後でバックグラウンドの処理が終わったら、こうしますよ」ということを約束するためのオブジェクトです。このPromiseには「then」というメソッドがあり、そこに「バックグラウンドの処理が終わったら実行される処理」を用意しておくのです。

```
《Promise》.then( 関数 );
```

こんな具合ですね。これで処理が完了したら引数の関数が実行されるようになります。今回のsetupに用意したfetchでは、以下のようにthenが用意されていました。

```
～.then(response => response.text())
```

はい、引数に注目！ これは「アロー関数」というものでしたね。このように、バックグラウンドで実行されている処理が完了したら呼び出される関数を「コールバック関数」といいます。thenは、コールバック関数を設定するためのものだったのです。

このアロー関数にはresponseという引数が用意されています。バックグラウンド処理が完了したら、response.text()という処理を実行するようになっていたのですね。

引数のresponseというものには、サーバーからの応答を管理する「Response」というオブジェクトが渡されています。この中にある「text」というメソッドは、サーバーから返されたコンテンツをテキストとして取り出す働きをします。

ここまでの流れは、だいたいわかりましたか。実は、これで終わりではありません。テキストを取り出すtextメソッドも、非同期関数なのです。これもPromiseを返すため、またthenでコールバック関数を定義しないといけません。今回のサンプルを見ると、こうなっていますね。

```
～.then(text => {……})
```

コールバック関数では、textという引数が用意されています。これが、Responseのtextで取り出したコンテンツのテキストになります。ようやく、これでfortune.txtのテキストが取り出せました。

ここまでの処理をまとめたものが、今回記述したfetch文になります。このように書かれていましたね。

```
fetch("fortune.txt")
  .then(response => response.text())
  .then(text => {……})
```

fetch()の後に.then()があり、更にその後にもう1つthen()がつながっています。難しそうに見えますが、fetch→then→thenというそれぞれの働きをよく考えれば、やっていることは理解できるようになるでしょう。

テキストの分割

さて、fetchでテキストが得られたら、後はこのテキストを行ごとに分けて配列にし、それを配列fortunesに代入するだけです。2番目のthenのコールバック関数では、以下のような処理を行っていました。

```
const lines = text.split('\n');
fortunes = lines;
```

splitというメソッドは、そのテキストを引数に指定した文字で分割し、配列にして返すものです。ここで引数に用意した'\n'というものは改行コードを示す値です。この記号でテキストを分割することで、テキストを行ごとに配列にすることができます。

例外処理について

これで一通りの処理は完成しました。が、よく見るとその後にこんなものが書かれていることがわかります。

```
～.catch(error => console.error('Error loading fortunes:', error));
```

これは、2番目のthenの更にその後に用意されています。このcatchというメソッドは、「例外処理」というものを行うためのものです。

例外処理というのは、処理を実行中に発生した例外的な挙動に対処するためのものです。まぁ、わかりやすくいえば「例外＝エラー」のことだと考えていいでしょう。ここでのfetch().then().then()の処理の中でエラーが発生すると、最後のcatchにジャンプし、用意したコールバック関数が実行されるようになっているのです。

コールバック関数には「error => ○○」という形でアロー関数が用意されています。引数のerrorにはエラーメッセージが渡されます。これをconsole.logで出力していたのですね。

これで、本当にsetup関数の処理が完了しました。fetchが使えるようになると、外部からさまざまなデータをロードしてプログラムを動かせるようになります。頑張って使い方をマスターしましょう。

5-2 じゃんけんアプリ
Section

じゃんけんアプリを作ろう

遊べるアプリというと、簡単なゲームなども思い浮かびますね。本格的なアクションゲームなどでなく、ちょっとしたものでも遊べれば楽しいものです。

もっとも単純なゲームといえば、「じゃんけん」でしょう。コンピューターとじゃんけんをするアプリを作ってみることにします。

リスト5-8 プロンプト

```
コンピューターとじゃんけんをするWebアプリを作成してください。ファイル構成はindex.html, style.css, script.jsの3つです。
```

こんなスクリプトで、ごく単純なじゃんけんアプリのコードが作成されました。これに手を加え、シンプル過ぎる見た目を少し整えるなどしたのが今回のアプリです。

これは、「Rock（石＝グー）」「Paper（紙＝パー）」「Scissors（ハサミ＝チョキ）」の3つのボタンがある、とてもシンプルなアプリです。

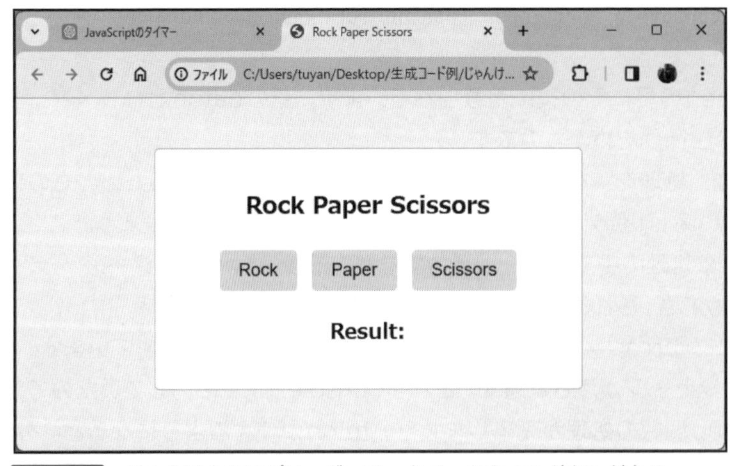

図5-10 じゃんけんのアプリ。グーチョキパーの3つのボタンがある。

遊び方は簡単。3つあるボタンのどれかをクリックすれば、コンピューターも出す手を考えて瞬時に勝敗が決まります。「コンピューターは後出しじゃんけんだ、ズルしてるんじゃないか？」なんて思うかも知れませんが、それはありません。コンピューター側はランダムに手を選んでいるだけです。

ボタンをクリックするだけなので、何度でも繰り返し遊べます。

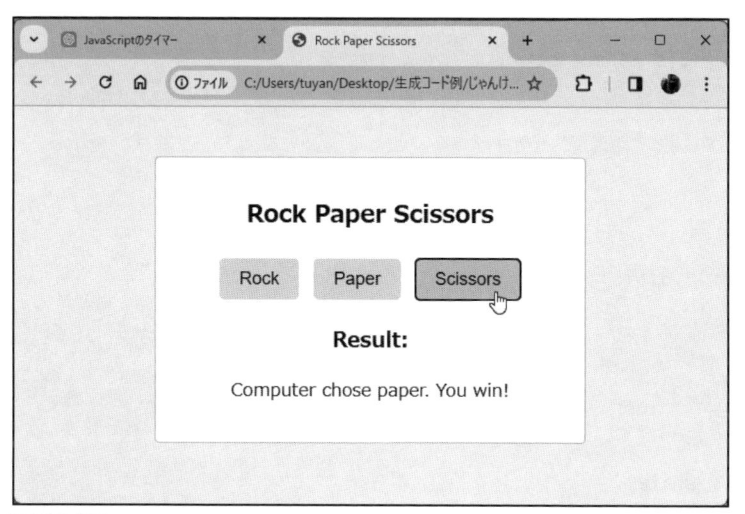

図5-11　ボタンをクリックするとコンピューターもランダムに手を出し、勝ち負けが表示される。

1 2 3 4 Chapter 5 6 7

ソースコードを作る

では、アプリのソースコードを掲載しましょう。例によって、index.html、style.css、script.jsの3つのファイルのコードを掲載します。

リスト5-9 index.html

```
<!DOCTYPE html>
<html lang="ja">
<head>
    <meta charset="UTF-8">
  <meta name="viewport"
  content="width=device-width, initial-scale=1.0">
  <title>Rock Paper Scissors</title>
  <link rel="stylesheet" href="style.css">
</head>
<body>
  <div class="container">
    <h2>Rock Paper Scissors</h2>
    <div class="options">
      <button id="rock">Rock</button>
```

```
        <button id="paper">Paper</button>
        <button id="scissors">Scissors</button>
      </div>
      <div class="result">
        <h3>Result:</h3>
        <p id="result"></p>
      </div>
    </div>
    <script src="script.js"></script>
</body>
</html>
```

リスト5-10 style.css

```
body {
  background-color: #f6f6f6;
}
.container {
  max-width: 400px;
  margin: 50px auto;
  padding: 20px;
  background-color: white;
  border: 1px solid #ccc;
  border-radius: 5px;
  text-align: center;
}

.options button {
  margin: 5px;
  padding: 10px 20px;
  font-size: 18px;
  cursor: pointer;
  border: none;
  border-radius: 5px;
  background-color: #e6e6e6;
}

.options button:hover {
  background-color: #d6d6d6;
}

.result {
  font-size: 18px;
}
```

リスト5-11 script.js

```
// オプションのリストを定義
const options = ['rock', 'paper', 'scissors'];

// コンピューターの選択をランダムに生成する関数
function computerPlay() {
  const randomIndex = Math.floor(Math.random() * options.length);
  return options[randomIndex];
}

// プレイヤーとコンピューターの選択を比較して結果を返す関数
function playRound(playerSelection, computerSelection) {
  // 引き分けの場合
  if (playerSelection === computerSelection) {
    return "It's a tie!";
  }
  // プレイヤーが勝利した場合
  if (
    (playerSelection === 'rock' &&
        computerSelection === 'scissors') ||
    (playerSelection === 'paper' &&
        computerSelection === 'rock') ||
    (playerSelection === 'scissors' &&
        computerSelection === 'paper')
  ) {
    return "You win!";
  } else {
    // プレイヤーが負けた場合
    return "You lose!";
  }
}

// ボタン要素を取得し、それぞれのボタンにクリックイベントを追加
const buttons = document.querySelectorAll('.options button');
const resultDisplay = document.getElementById('result');

buttons.forEach(button => {
  button.addEventListener('click', function() {
    // プレイヤーの選択を取得し、コンピューターの選択を生成して結果を表示
    const playerSelection = this.id;
    const computerSelection = computerPlay();
    const result = playRound(playerSelection, computerSelection);
    resultDisplay.textContent = `Computer chose ${computerSelection}.
    ${result}`;
  });
});
```

コードの内容を確認しよう

では、作成されたコードをチェックしていきましょう。ここでは3つのボタンがあり、それらをクリックしてじゃんけんの処理を行っています。

```
<div class="options">
  <button id="rock">Rock</button>
  <button id="paper">Paper</button>
  <button id="scissors">Scissors</button>
</div>
```

このようにボタンが用意されていますね。見てすぐに気がつくのは「onclickの処理が用意されていない」という点でしょう。<button>には、イベントは設定されていないのです。これは、実はJavaScript側でクリックイベントの設定を行っているのです。

じゃんけんの結果表示は、以下のように要素を用意しています。

```
<div class="result">
  <h3>Result:</h3>
  <p id="result"></p>
</div>
```

このid="result"を指定した<p>に結果を表示するようになっています。スクリプト関係の記述がないため、HTMLのコードは非常にシンプルになっています。

コンピューターの出す手を考える

では、script.jsのコードを確認していきましょう。まず、computerPlayという関数が定義されていますね。これはコンピューター側の出す手をランダムに選ぶものです。

```
const options = ['rock', 'paper', 'scissors'];

function computerPlay() {
  const randomIndex = Math.floor(Math.random() * options.length);
  return options[randomIndex];
}
```

optionsには、グーチョキパーの3つの手が配列にまとめて用意されています。ここでは、0以上3未満の範囲からランダムに値を選び、このoptionsから値を取り出して返しています。

乱数を得る方法は、さっき「占い」アプリのところでやったばかりですね。Math.random

で0～1の実数がランダムに得られるので、これにoptions配列の要素数(options.length)をかけて、Math.floorで切り下げして整数の値を取り出しています。この値をインデックスに指定してoptionsから要素を取り出し返しているのです。

プレイの処理

肝心のじゃんけんの処理は、playRoundという関数として用意されています。この関数は、以下のような形で定義されています。

```
function playRound(playerSelection, computerSelection) {……
```

引数が2つありますね。playerSelectionにはプレイヤーの手、computerSelectionにはコンピューターの手がそれぞれ渡されます。この2つの手を比べて勝敗を判断しているのですね。

まず、「あいこ」の処理です。これは、引数の2つの値が同じかどうか確認して処理すればいいでしょう。

```
  if (playerSelection === computerSelection) {
    return "It's a tie!";
  }
```

そうでない場合は、プレイヤーが勝ったかどうかを判断しています。これは、かなり長い条件文を設定したifで行っています。

```
if (
    (playerSelection === 'rock' &&
        computerSelection === 'scissors') ||
    (playerSelection === 'paper' &&
        computerSelection === 'rock') ||
    (playerSelection === 'scissors' &&
        computerSelection === 'paper')
  )
```

わかりますか？ これで1つの条件なのです。これは、以下の3つの条件を||という記号で1つにつないだものです。

```
(playerSelection === 'rock' && computerSelection === 'scissors')
(playerSelection === 'paper' && computerSelection === 'rock')
(playerSelection === 'scissors' && computerSelection === 'paper')
```

これも、よく見ると2つの式を&&という記号でつなげていますね。まず、最初の式を見てみましょう。これは以下の2つが&&でつないであります。

```
playerSelection === 'rock'          playerSelectionが'rock'である
computerSelection === 'scissors'          computerSelectionが'scissors'である
```

2つの式をつなぐ「&&」という記号は「AND（論理積）演算」というものを行う演算子です。AND演算とは、「2つの式の両方がtrueならばtrue、それ以外はfalse」と判断するものです。

つまり、この式は「playerSelectionが'rock'で、かつcomputerSelectionが'scissors'である」ということを判断していたのですね。両者の値がこれらに合致すればtrue、そうでなければfalseというわけです。

プレイヤーがrock（石＝グー）で、コンピューターがscissors（ハサミ＝チョキ）ということは、つまりプレイヤーが勝ちのパターンであるということです。残る2つのものも、「プレイヤーがパーでコンピューターがグー」「プレイヤーがチョキでコンピューターがパー」であることをチェックしています。

そしてこの3つの式は「||」という記号でつなげられています。これは「OR（論理和）演算」というものを行うための演算子です。OR演算は、2つの式の両方がfalseの場合のみfalseとなり、それ以外はすべてtrueとなります。

つまり、ここに挙げた3つの式のどれかがtrueならば、この長い式の結果はtrueとなるわけです。3つのすべてがfalseならば式の結果もfalseになります。プレイヤーが勝ちになる3つのパターンのどれかに引数の手が合致すればtrueとなり、プレイヤーが勝ちの処理を行う、ということだったのですね。

この超長い式のif文で実行している文は、以下のようにとても短いものです。

```
{
  return "You win!";
} else {
  return "You lose!";
}
```

条件がtrueなら"You win!"と返し、falseなら"You lose!"と返す、という単純なものです。これでじゃんけんの勝敗を判断する処理ができました！

すべてのボタンに処理を行う

この関数の下には、スクリプトを読み込んだときに実行する処理が用意されています。まず、3つのボタンとid="result"の<p>のエレメントを変数に取り出しています。

```
const buttons = document.querySelectorAll('.options button');
const resultDisplay = document.getElementById('result');
```

1つ目は、ちょっと見慣れないものを使っていますね。「querySelectorAll」というのは、引数に指定した内容に合致するすべてのエレメントを配列で取り出すメソッドです。ここでは、'.options button'という引数が用意されています。これは、「class="options"が指定されたエレメント内にあるすべての<button>」を示しています。これで、3つの<button>のエレメントをまとめて取り出しているのですね。

このbuttons配列から「forEach」というメソッドを呼び出しています。これは以下のように記述されています。

```
buttons.forEach(button => {……});
```

このforEachというメソッドは配列などに用意されているもので、「配列のすべての要素について、引数の関数を実行する」という働きをします。引数に用意されているアロー関数にはbuttonという引数がありますが、これにbuttonsの各エレメントが渡されます。

つまり、このforEachに用意したアロー関数に処理を記述すれば、それがbuttonsにあるすべてのエレメントで実行される、というわけです。

clickイベントの処理を組み込む

アロー関数で実行しているのは、<button>のエレメントに「click」イベントの処理を組み込む、という作業です。これは、「addEventListener」というメソッドで行っています。

```
button.addEventListener('click', function() {……});
```

このaddEventListenerは、第1引数のイベントに、第2引数の関数を割り当てる働きをします。ここでは、clickというイベントに第2引数の関数を割り当てています。つまり、ボタンがクリックされたら指定の処理を実行するようにしていたのです。

割り当てた関数で行っている処理では、まず自身のid値と、computerPlayの戻り値を定数に取り出します。

```
const playerSelection = this.id;
const computerSelection = computerPlay();
```

this.idはclickイベントが発生したエレメントのid、つまりクリックしたボタンのidが取り出されます。これで、ユーザーが選んだ手と、computerPlayで得たコンピューターの手が定数に取り出されました。

これらの手を引数に指定して、playRound関数を呼び出します。

```
const result = playRound(playerSelection, computerSelection);
```

playRoundからは勝敗の結果を表すテキストが返されます。後は、コンピューターが選んだ手と勝敗の結果をテキストにまとめてresultDisplayのエレメントに表示するだけです。

```
resultDisplay.textContent = `Computer chose ${computerSelection}. ${result}`;
```

これで「ボタンをクリックすると、コンピューターがランダムに手を選び勝敗をチェックして結果を表示する」という一連の処理が完成しました。

今回のポイントは、何といっても「addEventListenerでエレメントにイベントを割り当てる」という処理でしょう。これを覚えれば、HTMLの中にスクリプトを呼び出す処理を記述する必要がなくなります。HTMLには、表示に関することだけ記述すれば良いのです。後はJavaScript側でいくらでもイベントを設定して処理を組み込めるのですから。

また、forEachによる「配列のすべてに処理を実行する」というものも覚えておくと損はしません。配列の処理はforやfor ofなどでも行えますが、forEachは構文ではなくメソッドで繰り返し処理と同じことを実現します。構文とは別のアプローチとして知っておきたいですね！

5-3 Section 超簡易グラフィックツール

グラフィックを描くには？

「遊べるアプリ」といっても、ゲームばかりとは限りません。たとえば、「お絵描きツール」なども遊べるアプリといっていいでしょう。Webアプリでお絵描きをするプログラムを作ることは、もちろん可能です。HTMLには「キャンバス(Canvas)」という要素があり、これを利用することでグラフィックを描くことができるようになっているのです。

では、このCanvasというものを利用した簡単なお絵描きツールを作成してみましょう。用意したプロンプトは以下のようなものです。

リスト5-12 プロンプト

```
シンプルなグラフィックツールを作ってください。仕様は以下の通りです。

● 画面には描画するエリアと、ペンの太さと色を選択するUIがあります。
● 描画エリアはCanvasを使用します。大きさは横640、縦480ピクセルとします。
● マウスで描画エリア上をドラッグすると、選択した色と太さで線が描かれます。
● ファイルはindex.html, style.css, script.jsで構成します。
```

プロンプトは基本的な機能を簡単に説明しているだけです。ごく単純なお絵描きツールであることがわかるでしょう。ただし、「描画エリアはCanvasを使用します」というように、どういう技術を使って作成するかを指定している点に留意してください。これがないと、まったく別の方法でグラフィックを描くツールを作成するかも知れません(Webアプリでは、図形を表示する方法がいくつかあります)。

これで生成されたソースコードを元に、表示のスタイルなどを調整して完成させたWebアプリを紹介しましょう。このWebアプリでは、色を選ぶボタンと先の太さを指定するフィールドがあり、その下に描画するCanvasが配置されています。色と太さを設定して描画エリアをマウスでドラッグすると、線が描かれていきます。

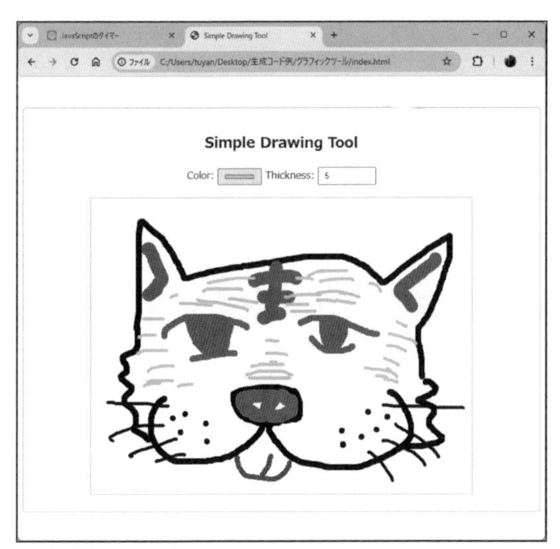

図5-12　マウスでドラッグするだけで線が描かれていく。

色を選ぶボタンは、クリックすると色を選択するためのパネルが表示されます。ただし、この機能はWebブラウザに依存します。ブラウザによっては違う表示になることもあります。

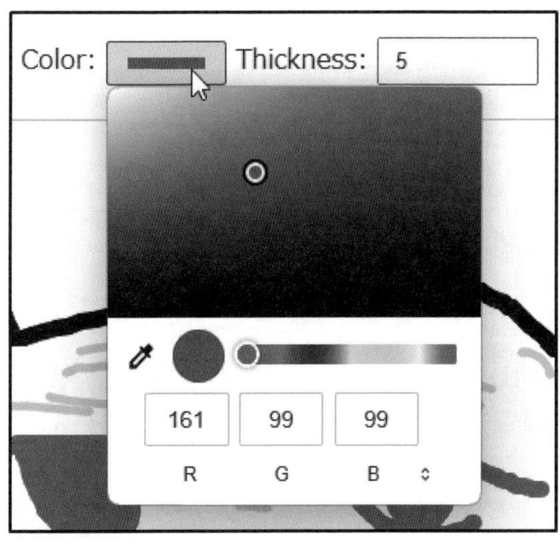

図5-13　色を選ぶボタンをクリックすると、Chromeではカラーピッカーが現れる。

描いたイメージはファイルに保存できます。描画エリア内をマウスで右クリックすると、イメージを保存するためのメニューがポップアップして現れます。ただし、この機能もWebブラウザの実装によって違いがあるので注意してください。

図5-14 右クリックすると、Chromeではイメージを保存するメニューが現れる。

ソースコードを作成する

では、Webアプリのソースコードを掲載しましょう。これもindex.html, style.css, script.jsの3つのファイルで構成されています。

リスト5-13 index.html

```
<!DOCTYPE html>
<html lang="ja">
<head>
  <meta charset="UTF-8">
  <meta name="viewport"
  content="width=device-width, initial-scale=1.0">
  <title>Simple Drawing Tool</title>
  <link rel="stylesheet" href="style.css">
</head>
<body>
  <div class="container">
    <h2>Simple Drawing Tool</h2>
    <div class="controls">
      <label for="colorPicker">Color:</label>
      <input type="color" id="colorPicker">
      <label for="thickness">Thickness:</label>
      <input type="number" id="thickness" min="1" value="1">
    </div>
    <canvas id="drawingCanvas"
      width="640px" height="480px"></canvas>
  </div>
  <script src="script.js"></script>
</body>
</html>
```

リスト5-14 style.css

```
.container {
  margin: 50px auto 10px auto;
  padding: 20px;
  border: 1px solid #ccc;
  border-radius: 5px;
  text-align: center;
}

.controls {
  margin-bottom: 20px;
}

input {
  padding: 5px 10px;
  width: 75px;
}

canvas {
  border: 1px solid #ccc;
  cursor: crosshair;
}
```


リスト5-15 script.js

```
// Canvas要素とコンテキストを取得
const canvas = document.getElementById('drawingCanvas');
const context = canvas.getContext('2d');

// 色選択と線の太さの入力要素を取得
const colorPicker = document.getElementById('colorPicker');
const thicknessInput = document.getElementById('thickness');

// 描画中かどうかのフラグと直前の座標を保持する変数
let isDrawing = false;
let lastX = 0;
let lastY = 0;

// マウスが押されたときの処理
function startDrawing(e) {
  // 描画中フラグを立て、直前の座標を更新して描画を開始
  isDrawing = true;
  [lastX, lastY] = [e.offsetX, e.offsetY];
  draw(e);
}
```

```
// 描画中の処理
function draw(e) {
  if (!isDrawing) return;
  // 線のスタイルを設定
  context.strokeStyle = colorPicker.value;
  context.lineWidth = thicknessInput.value;
  context.lineCap = 'round';
  // 直前の座標から現在の位置まで線を描画
  context.beginPath();
  context.arc(lastX, lastY, 0, 0, Math.PI * 2);
  context.moveTo(lastX, lastY);
  context.lineTo(e.offsetX, e.offsetY);
  context.stroke();
  // 直前の座標を更新
  [lastX, lastY] = [e.offsetX, e.offsetY];
}

// マウスが離されたときの処理
function stopDrawing() {
  isDrawing = false;
}

// イベントリスナーの追加
canvas.addEventListener('mousedown', startDrawing);
canvas.addEventListener('mousemove', draw);
canvas.addEventListener('mouseup', stopDrawing);
canvas.addEventListener('mouseout', stopDrawing);
```

1
2
3
4
Chapter 5
6
7

ソースコードの内容をチェックする

では、ソースコードの内容を見ていきましょう。今回の最大のポイントは、「Canvasでの図形の描き方」と「マウスでの描画の方法」でしょう。

Canvasは、<canvas>というタグを使って記述します。今回のindex.htmlでは以下のように記述されていました。

```
<canvas id="drawingCanvas" width="640px" height="480px"></canvas>
```

<canvas>では、widthとheightという属性があり、これらを使ってCanvasのサイズを設定します。後は特にありませんね。<canvas>は、これ自体は普通のHTMLの要素です。JavaScriptを使ってこのエレメントからグラフィック関連の機能を呼び出すことで、いろいろと描画が行えるようになるのです。

この他、入力情報のための<input>として以下のものが用意されています。

```
<input type="color" id="colorPicker">
<input type="number" id="thickness" min="1" value="1">
```

type="color"を指定することで、色を選択するためのUIが作成できます。またtype="number"で数値を入力するフィールドが表示されます。これらは、古いWebブラウザなどでは未対応の場合もあるので注意しましょう。

必要なデータを用意する

では、JavaScriptのコードを見ていきましょう。まず最初に行っているのは、Canvas関連のオブジェクトの用意です。

```
const canvas = document.getElementById('drawingCanvas');
const context = canvas.getContext('2d');
```

getElementByIdで、'drawingCanvas'というIDのエレメントを取り出しています。これが、<canvas>のエレメントですね。

ここから、更に「getContext」というものを呼び出しています。これは、Canvasオブジェクトにある「グラフィックコンテキスト」というものを取得するメソッドです。グラフィックコンテキストというのは、グラフィック描画に関する機能をまとめたオブジェクトです。引数にはコンテキストの種類を指定します。ここでは'2d'としていますが、これにより2Dグラフィックコンテキストが得られます。

（では、'3d'とすれば3Dのグラフィックコンテキストが得られるのか？ というと、実はできません。まだ3dのグラフィックコンテキストはCanvasに標準で用意されていないのです）

```
const colorPicker = document.getElementById('colorPicker');
const thicknessInput = document.getElementById('thickness');
let isDrawing = false;
let lastX = 0;
let lastY = 0;
```

続いて、その他の値を用意します。カラーピッカーと数値のフィールドのエレメントをそれぞれ定数に取り出し、描画中を示すisDrawing 、最後の描画位置を示すlastX, lastYといった値を変数に用意しておきます。これで初期化処理は完了です。

描画の仕組み

グラフィックの描画は、3つのメソッドを組み合わせて行っています。これらはそれぞれ以下のようになっています。

マウスボタンを押し下げたとき	startDrawingで描画を開始
マウスのドラッグ中	drawで描画
マウスボタンを離したとき	stopDrawingで描画を終了

これらのイベント処理は、コードの最後のところでまとめて組み込まれています。

```
canvas.addEventListener('mousedown', startDrawing); // マウスボタンを押した
canvas.addEventListener('mousemove', draw); // マウス移動中
canvas.addEventListener('mouseup', stopDrawing); // マウスボタンを離した
canvas.addEventListener('mouseout', stopDrawing); // 領域外に出た
```

マウス関係のさまざまなイベントに関数を割り当てていますね。エレメントには、マウスの動きやマウスボタンの操作に応じていくつものイベントが用意されています。これらを組み合わせることで、マウス操作に応じたきめ細かな処理が行えるようになります。

描画の開始

では、作成した描画関連の処理を見ていきましょう。まずは、Canvas上でマウスボタンを押し下げたときの処理です。これは、描画の開始のための処理になります。

```
function startDrawing(e) {
  isDrawing = true;
  [lastX, lastY] = [e.offsetX, e.offsetY];
  draw(e);
}
```

isDrawingは、描画中であることを示す変数です。これをtrueにして描画を開始します。またlastXとlastYは描画位置を示す変数で、これは引数で渡されるeからoffsetX, offsetYという値を取り出して利用しています。

イベント関連に割り当てる関数では、発生したイベントの情報をまとめたオブジェクトが引数として渡されるようになっています。offsetXとoffsetYは、イベントが発生したエレメントの右上から、イベント発生地点までの距離を示す値です。これで、イベントが発生した場所をlastXとlastYに設定していたのですね。

ドラッグ中の処理

マウスをドラッグするとグラフィックが描かれますが、このドラッグ中の処理を行っているのが「draw」関数です。ここでは、まずisDrawingの値をチェックしています。

```
if (!isDrawing) return;
```

このmousemoveというイベントは、マウスポインタがエレメント上を移動している間、常に発生し続けます。ドラッグ中だけでなく、ただマウスポインタが動いているだけでも発生するのです。このため、まず最初に「今はドラッグ中か？」をチェックしないといけません。これはisDrawingでチェックします。

マウスボタンを押し下げたときにisDrawingをtrueにし、離すとfalseにしていますから、この値がtrueならばドラッグ中であると判断できます。そうでない場合は何もしないで関数を抜けます。

描画を行う

この後からが、描画の処理になります。まず、カラーピッカーと線の太さのフィールドの値をグラフィックコンテキストに設定します。

```
context.strokeStyle = colorPicker.value;
context.lineWidth = thicknessInput.value;
```

strokeStyleは線を描画する際の設定です。これにカラーピッカーの色の値を設定することで、指定した色で線を描くようになります。またlineWidthは描く線の太さを示すもので、これに線の太さの値を設定することで、指定の太さで線を描くように設定されます。

```
context.lineCap = 'round';
context.beginPath();
```

lineCapは、線の先端の形状を指定するもので、ここでは'round'（円形）にしています。そして「beginPath」でパスの作成を開始します。

「パス」というのは、グラフィックコンテキストで描画をする際に使われるものです。パスを開始し、さまざまな図形を作成してからその図形を一気に描くようになっているのです。

パスを開始したら、図形を描きます。

```
context.arc(lastX, lastY, 0, 0, Math.PI * 2);
context.moveTo(lastX, lastY);
context.lineTo(e.offsetX, e.offsetY);
```

arcは円弧を描くメソッドで、ここではlastX, lastYの位置に円を描いています。moveToは指定した位置に描画の開始位置を移動します。そしてlineToは開始位置から引数で指定した位置まで線を描きます。

つまり、これで開始地点に円を描き、そこからドラッグ先のところまで線を描く、ということを行っていたのですね。ただし、まだ実際には画面に図形は描かれません。

```
context.stroke();
```

パスに必要な描画を行ったら、最後に「stroke」を呼び出します。これで、描いた図形が画面に表示されます。

```
[lastX, lastY] = [e.offsetX, e.offsetY];
```

最後に、イベントの発生した位置を最後の位置lastX, lastYに代入して描画終了です。マウスボタンを押してドラッグをしていると、このdrawが何度も繰り返し呼び出されて描画が行われていきます。

```
function stopDrawing() {
  isDrawing = false;
}
```

マウスボタンを離したら、isDrawingをfalseにします。これで、もうマウスが移動していてもdrawによる描画は行われなくなります。

これで、Canvasによる図形の描画の基本的な流れがわかりました。マウスの位置を常に変数に保管しておき、そこからイベントが発生した地点までの線を描く。これを繰り返し実行することでDragした通りに線が描かれていくようになります。

クリアとアンドゥをつける

実際に描画ツールを使ってみると、ちゃんとマウスで画が描けることに驚くことでしょう。こんな単純なコードでお絵描きツールができてしまうんですから。

ただし、実際に使っていけば、いろいろと不満も出てきます。それほど高度な機能でなくとも、問題のある機能、絶対に必要な機能などはあるはずです。今回のサンプルでは、たとえば以下のような点に問題がありました。

保存イメージが変

Canvasでは右クリックしてイメージをファイルに保存できます。しかし、保存されたイメージはちょっと変なものでした。図形は描かれているのですが、背景の部分がすべて透明なのです。

これは、背景の部分が初期状態のまま何も描かれていないからです。最初に白などで全体を塗りつぶしておけば問題はなくなるでしょう。

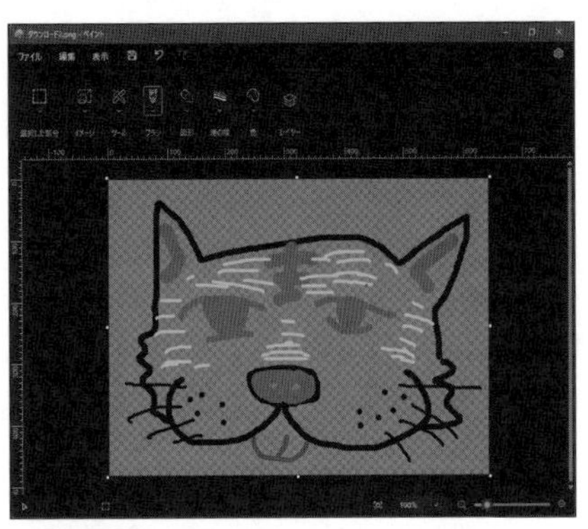

図5-15 背景が透明になっている。

グラフィックのクリア

最初から描き直したいようなとき、Webページをリロードしてもいいですが、ワンクリックでグラフィックを消去するようなボタンがあると便利ですね。最初に「全体を白く塗りつぶす」ということを行うようにするなら、その処理を呼び出すことでグラフィックを消去する機能も作れそうです。

描画の取り消し(Undo)

図形を描くとき、描き始めて「あ、失敗した」ということはよくあります。こうしたとき、Undo機能で直前の上体に戻せればものすごく助かります。

このUndo機能は、ドラッグを開始する際に、そのときの状態をどこかにバックアップしておくことで実現できます。描画が終わったところで取り消したいと思ったら、最後にバックアップしたグラフィックに戻せば良いのです。

改良版グラフィックツール

これらの点を改良したグラフィックツールでは、Canvasの下に「Undo」「Clear」というボタンを追加しました。

「Clear」ボタンをクリックすると、Canvasをクリアするか尋ねてくるので、「OK」ボタンを選べば描いた図形が消去されます。

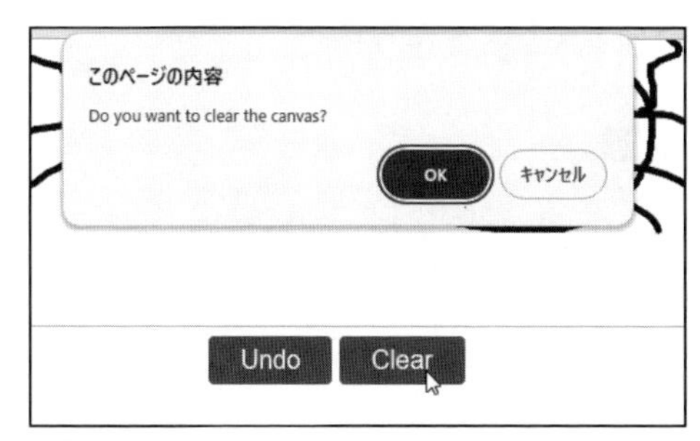

図5-16 「Clear」ボタンを押すとCanvasをクリアするか尋ねてくる。

また、マウスで描いた直後ならば、「Undo」ボタンをクリックすることで描く前の状態に戻すことができます。

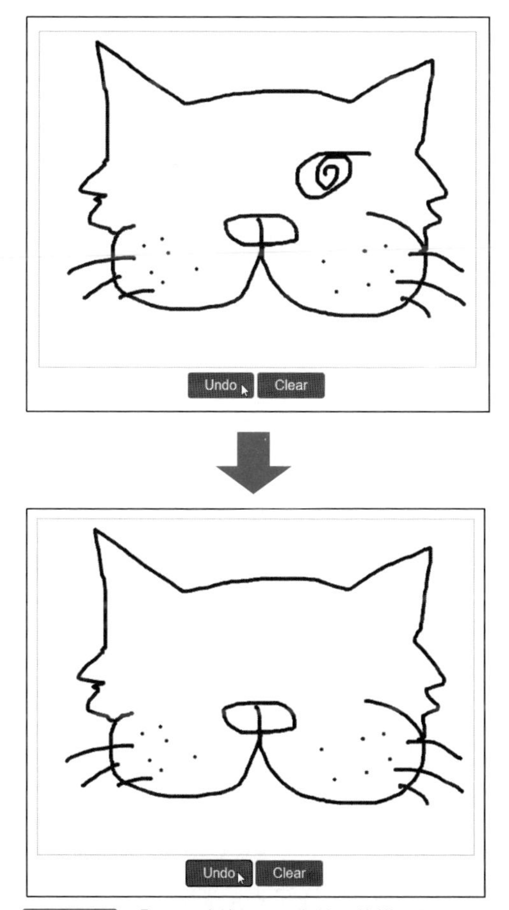

図5-17 「Undo」ボタンで直前の状態に戻せる。

コードを修正する

修正版グラフィックツールのコードを掲載しましょう。まず、index.htmlの修正からです。<canvas></canvas>の後に、以下のコードを追記してください。

リスト5-16 index.html <canvas></canvas>の後に追記

```
<div class="controls">
  <button onclick="undoDrawing()">Undo</button>
  <button onclick="clearCanvas()">Clear</button>
</div>
```

これで、描画エリアの下に「Undo」「Clear」といったボタンが追加されました。index.htmlのその他の部分は変更する必要はありません。

続いて、style.cssの修正です。追加したボタンのスタイルに関する記述を追記しておきましょう。コードの末尾に以下を追加してください。

リスト5-17 style.cssに追記

```
button {
  font-size:1.25em;
  padding: 7px 25px;
  color:white;
  background-color: crimson;
  border-width: 0px;
  border-radius: 5px;
}
```

コードを書き換える

最後にscript.jsのコードの修正です。今回は、単に追記するだけでなく、細かい点でいろいろと修正が必要になったため、全コードを掲載しておきます。script.jsの内容を以下に書き換えてください。

リスト5-18 script.js

```
// Canvas要素とコンテキストを取得
const canvas = document.getElementById('drawingCanvas');
const context = canvas.getContext('2d');

// 色選択と線の太さの入力要素を取得
const colorPicker = document.getElementById('colorPicker');
const thicknessInput = document.getElementById('thickness');
```

```
// 塗りつぶしボタンと取り消しボタンを取得
const fillButton = document.getElementById('fillButton');
const undoButton = document.getElementById('undoButton');

// 描画中かどうかのフラグと直前の座標を保持する変数
let isDrawing = false;
let lastX = 0;
let lastY = 0;

// 描画前のイメージを保持する変数
let backupImageData;

// マウスが押されたときの処理
function startDrawing(e) {
  isDrawing = true;
  // 直前の座標を更新して描画前のイメージをバックアップ
  [lastX, lastY] = [e.offsetX, e.offsetY];
  backupCanvas();
  draw(e);
}

// 描画中の処理
function draw(e) {
  if (!isDrawing) return;
  // 線のスタイルを設定
  context.strokeStyle = colorPicker.value;
  context.lineWidth = thicknessInput.value;
  context.lineCap = 'round';
  context.beginPath();
  // 直前の座標から現在のマウス位置まで線を描画
  context.moveTo(lastX, lastY);
  context.lineTo(e.offsetX, e.offsetY);
  context.stroke();
  // 直前の座標を更新
  [lastX, lastY] = [e.offsetX, e.offsetY];
}

// マウスが離されたときの処理
function stopDrawing() {
  isDrawing = false;
}

// Canvasを指定の色で塗りつぶす
function fillCanvas(color) {
```

```
  context.fillStyle = color;
  context.fillRect(0, 0, canvas.width, canvas.height);
}

// Canvasをクリアする関数
function clearCanvas() {
  if (confirm("Do you want to clear the canvas?")) {
    fillCanvas("#ffffff");
  }
}

// 直前の描画を取り消す関数
function undoDrawing() {
  // Canvasをクリアしてバックアップから描画を復元
  context.clearRect(0, 0, canvas.width, canvas.height);
  context.putImageData(backupImageData, 0, 0);
}

// 描画前のCanvasのイメージをバックアップ
function backupCanvas() {
  backupImageData = context.getImageData(0, 0, canvas.width, canvas.height);
}

// イベントリスナーの追加
canvas.addEventListener('mousedown', startDrawing);
canvas.addEventListener('mousemove', draw);
canvas.addEventListener('mouseup', stopDrawing);
canvas.addEventListener('mouseout', stopDrawing);
fillButton.addEventListener('click', fillCanvas);
undoButton.addEventListener('click', undoDrawing);

// 最初に描画前のイメージをバックアップ
backupCanvas();
```

全体を塗りつぶす

では、追加された処理のポイントを説明しましょう。まずは、描画エリア全体を塗りつぶす処理です。これは、fillCanvasという関数として用意されています。

```
function fillCanvas(color) {
  context.fillStyle = color;
  context.fillRect(0, 0, canvas.width, canvas.height);
}
```

グラフィックコンテキストの「fillStyle」で引数の色の値を指定することで、塗りつぶしの色が設定されます。そしてfillRectというメソッドを使い、引数で指定した領域を塗りつぶします。ここでは開始位置を横ゼロ、縦ゼロの位置（Canvasの左上地点）とし、横幅と高さをそれぞれCanvasのwidthとheightの値で設定しました。こうすることで、Canvasの領域全体を塗りつぶすことができます。

「Clear」ボタンでは、このfillCanvasを利用して全体をクリアしています。clearCanvas関数を見ると、以下のようにしてクリアの処理を行っていますね。

```
if (confirm("Do you want to clear the canvas?")) {
  fillCanvas("#ffffff");
}
```

ifの条件にある「confirm」という関数は、「OK」「キャンセル」といったボタンのダイアログを表示します。ここで「OK」を選ぶと、戻り値はtrueとなり、ifの処理が実行されます。ここでは、fillCanvas("#ffffff");として全体を白く塗りつぶしているのですね。

Undo機能の仕組み

では、Undoはどのようにして実装しているのでしょうか。これは、実は単純です。マウスボタンを押したときに、現在のCanvasのイメージを変数に保存し、「Undo」ボタンを押したらそのイメージを描画して戻すだけです。

マウスボタンを押し下げたときに実行するstartDrawing関数を見ると、backupCanvasという関数が呼び出されていますね。これがCanvasのイメージをバックアップする処理です。これは、以下のようなものです。

```
function backupCanvas() {
  backupImageData = context.getImageData(0, 0, canvas.width, canvas.height)
}
```

グラフィックコンテキストにある「getImageData」というメソッドは、引数で指定した領域のイメージを返すものです。ここでCanvas全体の領域を指定し、取得したイメージをbackupImageDataに保管します。

そして「Undo」ボタンが押されたら、それをCanvasに描画します。

```
function undoDrawing() {
  context.clearRect(0, 0, canvas.width, canvas.height);
  context.putImageData(backupImageData, 0, 0);
}
```

clearRectは、指定した領域をクリアし、なにもない初期状態に戻します。そしてputImageDataは、引数に指定したイメージを指定の位置に描画します。これでバックアップしたイメージがCanvasに描画されます。

簡単なコードでも楽しめる！

実際にいくつかの遊べるWebアプリを作ってみました。前章までよりはだいぶコードも長くなってきましたが、それでも1つ1つの関数をよく考えながらコードを読めば理解できるレベルのものです。このぐらいのソースコードでも、それなりに楽しめるプログラムは作れる、ということがわかったのではないでしょうか。

もちろん、最新のアプリに相当するような高度なプログラムに比べれば、ここで作ったものは本当にちっぽけなプログラムでしかありません。けれど、こうした小さなプログラムをいくつも作っていく中で、少しずつ「プログラムを作成する」ということに対する技術や知識、考え方が培われていくのです。

ここで作ったのは小さなプログラムばかりですが、それでもプログラム全体の機能を整理し、いくつかの関数に分けて組み立てていく、というアプリ開発の基本的な作業を行っています。小さな一歩ですが、皆さんは既に「アプリ開発の技術」を少しずつ身につけ始めているのです。

Chapter 6

ゲームを作ろう！

遊べるアプリといえば、何といってもゲーム！ ここでは、値を入力して遊ぶ「石取りゲーム」、画面クリックで遊ぶ「モグラ叩き」、キーボードやマウスでパドルを操作する「ブロック崩し」といったゲームを作成しながら、ゲーム作りのノウハウを身につけていきましょう。

6-1 石取りゲーム
Section

コンピューターと遊ぶミニゲームを作ろう

前章で、いろいろと楽しめるアプリ、遊べるアプリをいくつか作成しました。が、「遊べるアプリ」といえば、何といっても王道は「ゲーム」でしょう。

ゲームというのは、非常に複雑で高度なプログラミング能力が求められる分野です。市販のゲームのようなものになると、とても作成できないでしょう。けれど、そんなに複雑ではない、もっとシンプルなゲームでも、作って動けばそれなりに遊べるものです。

千里の道も一歩から。まずは「シンプルだけど遊べるゲーム」を作っていきましょう。

まずは、単純な値の入力だけで遊べるゲームを考えてみましょう。入力をするだけで遊べるゲームに「石取りゲーム」というものがあります。これは、最初にいくつかの石があって、プレイヤーとコンピューターが交互に石を取っていき、最後の石をどっちが取るかを競うものです。一度に取れる石の数は範囲が決まっており（だいたい１～３個）、パスはできません。

石取りゲームは、単純な入力だけでコンピューターとプレイできるゲームが作れるため、プログラミングビギナーの課題としてよく利用されていました。これをWebアプリとして作ってみましょう。

今回は、以下のようなプロンプトを用意しました。

リスト6-1 プロンプト

```
石取りゲームのWebアプリを作ってください。ルールは以下の通りです。

● 初期状態で20個の石があります。
● スタートボタンを押すとゲームを開始します。
● ゲーム中は、プレイヤーとコンピューターが交互に石を取っていき、最後の石を取ったら
  ゲームを終了します。
● プレイヤーの番では、取る石の数を整数で入力します。
● 一度に取れる石の数は、1～3個です。取らないことはできません。
● 最後の石を取ったほうが勝ちです。
● ファイルはindex.html, style.css, script.jsの3つで構成します。
```

今回は、20個の石から1～3個の範囲で交互に石を取り、最後の石を取ったほうが勝ちとしました。石取りゲームは「最後の石を取ったほうが負け」など細かいルールの違いがありますが、基本的なプログラムの構造は同じになります。

プロンプトのやり取り

このプロンプトでも、生成されたコードは今ひとつ遊べるものになっていなかったため、何度か修正のプロンプトを送ってほぼ遊べるレベルになったコードに、更に細かな修正を行って完成させました。修正の過程は以下のようになります。

●最初のプロンプトの送信結果

毎回、プレイヤーはボタンをクリックして石を取らないといけなかった。→スタートしたら自動で交互に石を取るようにしたい。

修正プロンプト

今のコードでは、手動でボタンをクリックして石を取らないといけません。そうではなくて、「スタート」ボタンを押したらプレイヤーとコンピューターが交互に石を取っていくようにしてください。

●2回目のプロンプトの送信結果

スタートボタンで交互に石を取るようになったが、プレイヤーの石の数が固定で入力できなくなっていた。→毎回、1～3の数字を入力させたい。

修正プロンプト

スタートすると、プレイヤーが石の数を設定できません。毎回、1～3個の数字を入力するようにしてください。

●3回目のプロンプトの送信結果

石の数を入力できるようになったが、また毎回ボタンを押して石を取る方式に戻ってしまった。→スタートしたら交互に石を取り、プレイヤーは石の数を設定できるようにしたい。

修正プロンプト

毎回、ボタンを押さないといけません。スタートボタンを押したらゲームを開始し、その後、自動的にプレイヤーとコンピューターが交互に石を取っていき、ゲーム終了になったら停止するようにしてください。

●4回目のプロンプトの送信結果

スタートボタンを押すと交互に石を取り、プレイできるようになった。プレイヤーの番ではダイアログで取る石の数を入力できるようになり、残りの石の数がゼロになるとゲームを終了できた。→ほぼ完成！

これで生成されたコードを実際に動かし、表示のスタイルなどを調整して完成したのが今回のサンプルコードです。

こうしたゲームになると、ゲームの流れをきめ細かに指定しないと思ったようなコードが生成されません。ただ「石取りゲームを作って」というだけでは、思ったようなコードは作れないのです。そのゲームが非常に有名で多数のコードが作られ学習されているならば別ですが、それほどコードを学習したことのないゲーム、あるいは独自に設計したゲームなどは、ゲームの仕様をなるべく細かく指定する必要があります。

もちろん、それでも細かな点で思った通りにならないことが多いでしょう。その場合は、生成されたコードを踏まえて「ここをこうして欲しい」という要望を逐一伝えていきます。ChatGPTなどのAIチャットは、前に実行した内容を覚えていて、それを元に次の応答を生成します。一度に完璧なものを作ろうとせず、送信して作られたコードを土台に、細かく調整していくようにしましょう。

石取りゲームを遊ぼう

では、作成した石取りゲームのWebアプリの遊び方を説明しましょう。Webページを開くと、「Start」というボタンが1つあるだけのシンプルなページが現れます。このボタンをクリックするだけでゲームがスタートします。

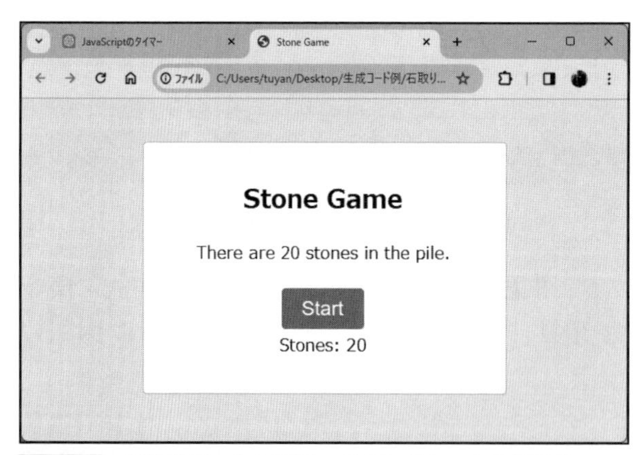

図6-1　石取りゲームの画面。ボタンが1つあるだけだ。

スタートすると、すぐにダイアログが現れ、プレイヤーが取る石の数を尋ねてきます。ここで1～3の整数を入力します。すると石の数から入力した値を引き算し、続いてコンピューターが1～3個の間で石を取り、またプレイヤーの取る数を尋ねてきます。

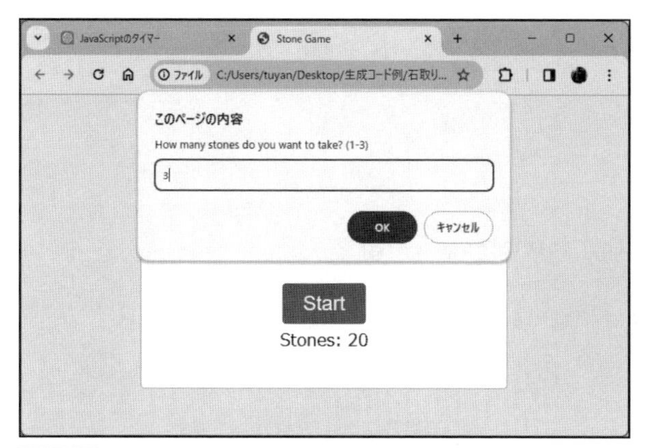

図6-2 ダイアログで取る石の数を入力する。

このようにして交互に石を取っていき、最後の石をどちらかが取るとゲーム終了です。石の数の表示の下に結果が表示されます。

終了したら、また「Start」ボタンをクリックすれば再度プレイすることができます。

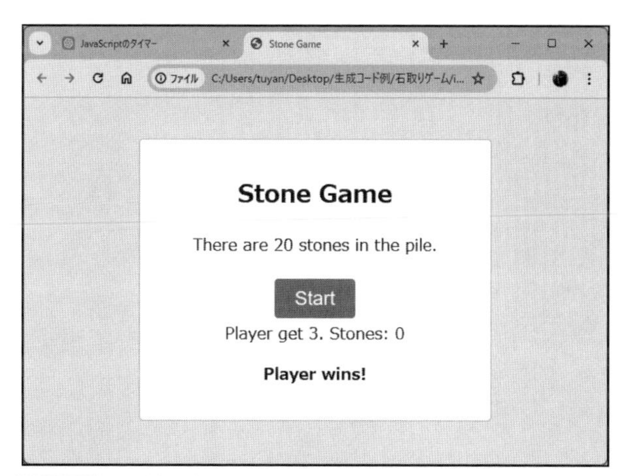

図6-3 石がなくなると結果を表示する。

コードを作成する

では、作成したWebアプリのソースコードを挙げておきましょう。今回も3つのファイル(index.html, style.css, script.js)で構成されています。

リスト6-2 index.html

```
<!DOCTYPE html>
<html lang="ja">
<head>
    <meta charset="UTF-8">
    <meta name="viewport"
    content="width=device-width, initial-scale=1.0">
    <title>Stone Game</title>
    <link rel="stylesheet" href="style.css">
</head>
<body>
  <div class="container">
    <h2>Stone Game</h2>
    <p>There are 20 stones in the pile.</p>
    <div class="game">
      <button id="start"
        onclick="startGame()">Start</button>
      <div id="stones">Stones: 20</div>
    </div>
    <p id="result" class="result"></p>
  </div>
  <script src="script.js"></script>
</body>
</html>
```

リスト6-3 style.css

```
body {
  background-color: #f0f0f0;
}

.container {
  background-color: white;
  max-width: 400px;
  margin: 50px auto;
  padding: 20px;
  border: 1px solid #ccc;
  border-radius: 5px;
  text-align: center;
  font-size: 1.25em;
}

.game {
  margin-top: 20px;
}
```

```
.result {
  font-weight: bold;
}

button {
  margin: 5px;
  padding: 10px 25px;
  font-size: 1.2em;
  cursor: pointer;
  border: none;
  border-radius: 5px;
  color: white;
  background-color: #ff6347;
}

button:hover {
  background-color: #e06040;
}

button:disabled {
  background-color: #c0c0c0;
}
```

リスト6-4 script.js

```
// ゲームの状態を管理する変数
let stones = 20; // 現在の石の数
let currentPlayer = 1; // 現在のプレイヤー (1: プレイヤー , 2: コンピューター)
let gameInProgress = false; // ゲームが進行中かどうかのフラグ

// HTML要素への参照を取得
const stonesDisplay = document.getElementById('stones');
const resultDisplay = document.getElementById('result');
const startButton = document.getElementById('start');

// プレイヤーの手を決定する関数
function computerPlay() {
  // 残りの石が3以下の場合、その数だけ取る
  if (stones <= 3 && stones > 0) {
    return stones;
  } else {
    // 残りの石が4以上の場合、ランダムに1~3個取る
    return Math.floor(Math.random() * 3) + 1;
  }
}
```

```
// ターンを進める関数
function takeTurn() {
  // プレイヤーのターンの場合
  if (currentPlayer === 1) {
    const stonesTaken = parseInt(prompt("How many stones do you want↩
    to take? (1-3)"));
    if (stonesTaken >= 1 && stonesTaken <= 3) {
      stones -= stonesTaken;
      stonesDisplay.textContent = `Player get ${stonesTaken}.↩
      Stones: ${stones}`;
      currentPlayer = 2; // 次はコンピューターのターン
    } else {
      // 1~3の数以外が入力された場合のエラーメッセージ
      alert("Please enter a number between 1 and 3.");
    }
  } else {
    // コンピューターのターンの場合
    const stonesTaken = computerPlay(); //☆
    stones -= stonesTaken;; // 石を取る
    stonesDisplay.textContent = `Computer get ${stonesTaken}.↩
    Stones: ${stones}`;
    currentPlayer = 1; // 次はプレイヤーのターン
  }

  // ゲーム終了の条件を判定
  if (stones <= 0) {
    // 石がなくなった場合の処理
    if (currentPlayer === 1) {
      // コンピューターの勝利
      resultDisplay.textContent = "Computer wins!";
    } else {
       // プレイヤーの勝利
      resultDisplay.textContent = "Player wins!";
    }
    // ゲームを終了状態に設定
    gameInProgress = false;
    // ゲーム開始ボタンを有効化
    startButton.disabled = false;
  } else {
     // 1秒後に次のターンを開始
    setTimeout(takeTurn, 1000);
  }
}

// ゲームを開始する関数
```

```
function startGame() {
  // ゲームが進行中でない場合のみ実行
  if (!gameInProgress) {
    stones = 20; // 初期石の数を設定
    currentPlayer = 1; // プレイヤーから始める
    stonesDisplay.textContent = `Stones: ${stones}`; // 石の表示を更新
    resultDisplay.textContent = ""; // 結果表示をクリア
    gameInProgress = true; // ゲームを進行中に設定
    startButton.disabled = true; // ゲーム開始ボタンを無効化

    // ゲームを開始する
    setTimeout(takeTurn, 500); // 0.5秒後にプレイヤーのターンを開始
  }
}
```


コードの内容を確認しよう

では、生成されたコードの内容を確認していきましょう。まずHTMLの内容からです。今回は、ゲームの表示と実行に関するHTMLの要素は以下のような形で用意されています。

```
<div class="game">
  <button id="start"
    onclick="startGame()">Start</button>
  <div id="stones">Stones: 20</div>
</div>
<p id="result" class="result"></p>
```

<button>には、onclick="startGame()"というようにクリック時の処理が割り当てられています。このstartGame関数にゲーム開始の処理を用意しておくのですね。

ゲーム中の石の状態はid="stones"の<div>に表示されます。またゲームの結果はid="result"の<p>に表示されます。

コードの流れを確認する

ではscript.jsを見てみましょう。ここでは、3つの関数が用意されています。これらは、それぞれ以下のような役割を果たします。

computerPlay	コンピューターの手(いくつ石を取るか)を計算します。
takeTurn	次の手を実行します。プレイヤーなら石の数を尋ねて石を取り、コンピューターならcomputerPlayで得た数だけ石を取り、石がゼロになったら結果を表示します。
startGame	ゲームを開始します。

プログラムのメイン部分はtakeTurnで行っていることがわかります。それぞれの働きをよく頭に入れてコードを見ていきましょう。

必要な値の初期化

まず最初に、ゲームに必要な各種の値が変数として用意されています。以下のようなものがありますね。

```
let stones = 20; // 残る石の数
let currentPlayer = 1; // どっちがプレイしているかを示す値
let gameInProgress = false; // ゲーム中かどうか
const stonesDisplay = document.getElementById('stones');
const resultDisplay = document.getElementById('result');
const startButton = document.getElementById('start');
```

ここでは3つの変数が用意されています。stonesは、残る石の数です。これはわかりますね。

次のcurrentPlayerは、現在、どちらがプレイしているかを示す値です。これが1のときはプレイヤー、2のときはコンピューターの番であることを表します。

最後のgameInProgressは、ゲーム中かどうかを示すものです。これは、ゲーム中に再度ゲームのスタートが実行されないようにするために用意してあります。

その後には、id="stones", "result", "start"の各エレメントが定数に取り出されています。これらがコードの中から利用されるエレメントです。

コンピューターの手を計算する

では、関数を見てみましょう。まずは、computerPlay関数です。これでコンピューターが取る手の数を決めています。

```
if (stones <= 3 && stones > 0) {
  return stones;
} else {
```

```
  return Math.floor(Math.random() * 3) + 1;
}
```

残る石の数(stones)がゼロ以上3個以下の場合はstonesの値をそのまま返します。それ以外の場合は、Math.random() * 3で0以上3未満の乱数を作成し、Math.floorで小数点以下を切り捨て(これで0～2の乱数が得られる)、これに1を足した値を返します。これで、1～3のランダムな値がコンピューターの取る石の数として使われるようになります。

次の手の処理

もっとも重要なのが、次の手の処理を行うtakeTurn関数でしょう。ここでは、if (currentPlayer === 1)という条件を使い、currentPlayerが1かどうかをチェックしています。1の場合はプレイヤーの番となり、プレイヤー側の処理を以下のように行います。

```
const stonesTaken = parseInt(prompt("How many stones do you want to take? (1-
3)"));
```

まず、promptという関数を使ってユーザーに値を入力してもらいます。このpromptは、テキストの入力を行うフィールドを持つダイアログを表示する関数で、入力した値が戻り値として返されます。ここではその値をparseIntで整数に変換してstonesTakenに代入しています。

入力後、stonesTakenの値が1以上3以下かどうかをチェックし、その範囲内であればstonesからstonesTakenを引いて石を取り、stonesDisplayに取った石の数と残りの石の数を表示します。そして最後にcurrentPlayerを2に変更してコンピューターの番にします。

1～3の範囲外の値が入力されていた場合は、alert関数でアラートを表示して終わります。

```
if (stonesTaken >= 1 && stonesTaken <= 3) {
  stones -= stonesTaken;
  stonesDisplay.textContent = `Player get ${stonesTaken}. Stones: ${stones}`;
  currentPlayer = 2;
} else {
  alert("Please enter a number between 1 and 3.");
}
```

currentPlayerが1ではない場合は、コンピューター側の処理を行います。computerPlayでコンピューターの取る石の数を取得し、stonesから引いて石を取り、stonesDisplayにメッセージを表示してcurrentPlayerの値を1に変更してプレイヤーの番にします。

```
const stonesTaken = computerPlay();
stones -= stonesTaken;
stonesDisplay.textContent = `Computer get ${stonesTaken}. Stones: ${stones}`;
currentPlayer = 1;
```

これでプレイヤーとコンピューターの番の処理は終わりました。ここまでの処理を、currentPlayerの値を1とそれ以外で交互に変えながら繰り返し呼び出していけば、プレイヤーとコンピューターで順番に石を取っていけるのですね。

ゲームの終了処理

それぞれの番が終わっても、まだやることがあります。if (stones <= 0)で石がなくなっているかチェックし、もしゼロ以下だった場合は終了のための処理を行います。

まず、currentPlayerの値が1かどうかをチェックし、それぞれメッセージを表示します。

```
if (currentPlayer === 1) {
  resultDisplay.textContent = "Computer wins!";
} else {
  resultDisplay.textContent = "Player wins!";
}
```

currentPlayerが1の場合はコンピューターの勝ち、それ以外はプレイヤーの勝ちを表示しています。注意したいのが、「currentPlayerは1のときがプレイヤーの番だが、ここではコンピューターの勝ちになる」という点です。

その前にそれぞれの手の処理をしたとき、currentPlayerの値を変更済みであることを思い出してください。したがってcurrentPlayerが1というのは、currentPlayerが1でない場合(つまりコンピューター側)の処理を完了したところでstonesが0になっている、ということです。つまり、currentPlayerが1（＝プレイヤー）ならばコンピューターの番で石がゼロになり、1でない(＝コンピューター)ならばプレイヤーの番で石がゼロになった、ということになります。

```
gameInProgress = false;
startButton.disabled = false;
```

後は、ゲームを終了するのに必要となる処理です。まず、gameInProgressをfalseにしてゲーム中ではないことを示し、startButtonのdisabledをfalseにしてボタンを使える状態にします。これで、ゲームをまた実行できるようになります。

最後に、if (stones <= 0)のelseの処理、すなわちゲームが終了していないときの処理

です。これは、タイマーを使って1秒後にtakeTurn関数を呼び出すというものです。

```
setTimeout(takeTurn, 1000);
```

交互に繰り返し石を取る処理を作成しているのに、繰り返し構文がまったく使われていません。中には不思議に思った人もいることでしょう。その理由はこういうわけです。すなわち、手を取る処理を実行したらタイマーで1秒後にまたtakeTurn関数を呼び出すようにして、ゲーム終了まで何度も処理が実行されるようにしていたのです。

ここで使っているsetTimeoutは、第1引数に用意した関数を第2引数のミリ秒が経過したら実行します。つまり、1000ミリ秒(=1秒)後にtakeTurnを呼び出して次の手を実行していたのです。

ゲームの開始処理

最後に、ゲームの開始を行うstartGame関数です。ここでは、まずif (!gameInProgress)という条件をチェックしています。gameInProgressはゲーム中かどうかを表す変数(trueならばゲーム中)でしたね。!は、真偽値の値を逆にするものでした。つまり、これは「gameInProgressがfalseならゲーム中でないため処理を実行する」ということを行っていたのですね。

実行している処理は、ゲームで使う変数やエレメントの状態などを初期状態に設定する作業です。

```
stones = 20;
currentPlayer = 1;
stonesDisplay.textContent = `Stones: ${stones}`;
resultDisplay.textContent = "";
gameInProgress = true;
startButton.disabled = true;
```

stonesで石の数を20にし、currentPlayerでユーザーから開始します。stonesDisplayとresultDisplayの表示を初期状態に戻し、ゲーム中を表すgameInProgressをtrueに、スタートボタンのstartButtonをディスエーブル状態に変更します。

そして、最後にtakeTurn関数を呼び出して最初の手を実行してゲーム開始! というわけです。

コンピューター必勝のアルゴリズム

このゲームの面白さは、「コンピューター側の手をいろいろカスタマイズできる」という点です。先ほどのサンプルではランダムに1～3の石を取るようにしていました。けれど、もっとさまざまなやり方も考えられます。

一例として、「必ずコンピューターが勝つアルゴリズム」を紹介しておきましょう。computerPlay関数を以下のように修正してください。

リスト6-5

```
function computerPlay() {
  let n = stones % 4;
  return n === 0 ? 1 : n;
}
```

これで、必ずコンピューターが勝つようになります。実は、石取りゲームには必勝法があるのです。自分が最後の石を取るためには、その前の手で自分が石を取った後の残りが「4」になっていればいいのです。4ならば、次の手で相手が1～3の範囲でいくつ石をとっても、必ずその残りをすべて取ることができます。

では、自分が取った後の残りが4個にするためには？ その前の手の残りが8個ならば必ず次の手で4個にできます。では8個にするためには？

そう、気がついた人もいるでしょう。自分が取った後の残り数が(1 ＋ 3)の倍数、すなわち「(最小値＋最大値)の倍数」になっていれば、必ず最後の石を自分が取ることができるのです。そこで、stones % 4で4で割った余りを計算してその数だけ取るようにします(ゼロの場合は最小の1にしています)。開始の数が20なので4で割り切れますから、相手がいくつを取っても必ず4の倍数にできます。したがって、必ずコンピューターが勝てるのです。

6-2 モグラ叩き
Section

イメージを使ったミニゲーム

数字を入力するだけでもゲームにはなりますが、やはりグラフィックを使ったビジュアルなものを作ってみたいですよね。

前章でCanvasの基本的な使い方を覚えました。Canvasでは、図形を描いたりイメージを表示したりできます。せっかくですから、イメージを表示するゲームを考えてみましょう。といっても、そんなに複雑な処理を必要とせず、ただ指定の場所に表示するだけでそこそこ遊べるものは？

たとえば、「モグラ叩き」なんてぴったりですね。ランダムにモグラをCanvasに表示する。それをクリックしたら消える。これだけですから、頑張れば作れそうでしょう？ では、さっそくAIを使ってコードを作成してみましょう。

リスト6-6 プロンプト

```
モグラ叩きゲームのWebアプリを作成してください。仕様は以下の通りです。

● ゲーム画面は<canvas>を利用する。ゲーム画面の大きさは600x600ピクセル。
● モグラのイメージは、mogura.pngというファイルとして用意。大きさは100x100ピクセル。
● 画面をクリックするとゲームスタート。
● ゲームを開始すると、画面上にランダムにモグラが追加される。
● モグラのデータは、表示位置、表示状態、消える時間などの情報を保持する。
● 表示されたモグラは指定した時間が経過すると消える。
● モグラが表示されている間にクリックするとモグラが消え得点が増える。
● 30秒経過したらゲームを終了する。
```

これで、基本的なモグラ叩きのソースコードが生成されました。ただし、そのままではゲーム性や使い勝手などが今ひとつでした。AIによるゲームのコード生成は、このように細かな点がおざなりになっていることが多いものです。一応、指定した通りには動くけれど、「もう少し楽しめるように調整する」ということがまだできないのでしょう。こうした細かな調整は、まだまだ人間が実際にプレイしながら行う必要があります。

こうした調整をして完成させたのが、今回のモグラ叩きゲームです。Webページを開くと、モグラ叩きのタイトルが表示されます。

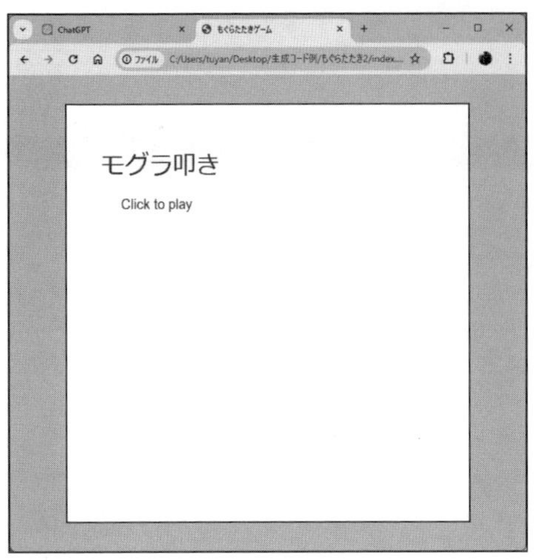

図6-4　モグラ叩きのゲーム画面。クリックするとスタートする。

ゲーム画面をクリックするとゲームを開始します。ランダムにモグラが現れるので、それをクリックして消してください。モグラは、時間が経過すると消えてしまいます。クリックせずに消えると得点がマイナスされるので、見落としがないように消していきましょう。

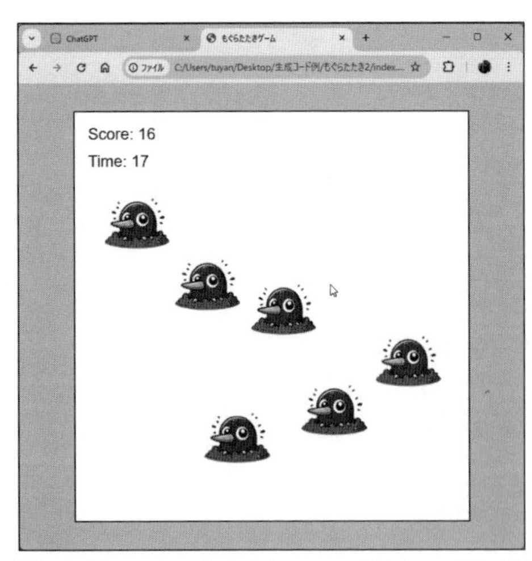

図6-5　スタートすると、ランダムにモグラが現れる。これをクリックすると得点が得られる。

30秒が経過すると、ゲームが終了になり、アラートで得点が表示されます。また画面上をクリックすれば、再度プレイできます。

図6-6 時間になるとアラートが現れ、ゲームが終了する。

モグラのイメージを作成する

今回は、ソースコードの前に、モグラのイメージを作成しておきましょう。ここでは「mole.png」というファイル名でイメージを用意することにします。大きさは、100x100ピクセルにしておきましょう。

「イラストなんて自分で描く自信がない」という人。そんな人のためにAIがあるんですよ。ここでは、BingのImage Creatorを紹介しておきましょう。

https://www.bing.com/images/create

図6-7 Image Creatorでイメージを作成する。

Bingは、Microsoftの検索サイトです。これは現在、CopilotというChatGPTのAIを利用したAIチャット機能が追加されており、イメージを生成するためのツールも提供されています。URLにアクセスし、プロンプトを記入して実行すればイメージが用意されます。ここでは、以下のようなプロンプトを用意しました。

リスト6-7 プロンプト

```
地面に開いた穴から顔を出したモグラ。シンプルな漫画調。
```

イメージを生成できたらダウンロードし、サイズを100x100ピクセルに縮小しておきましょう。なおイメージの縮小は、各種のイメージ編集ソフトで行えます。Windowsの場合、標準の「ペイント」アプリでも行えます（ツールバーの「イメージ」にある「サイズ変更と傾斜」アイコンを使う）。

図6-8 「ペイント」アプリのツールバーにある「サイズ変更と傾斜」アイコンをクリックし、変更するサイズを入力して縮小する。

イメージが用意できたら、VSCodeのエクスプローラーにファイルアイコンをドラッグ＆ドロップしてください。これでファイルがフォルダー内にコピーされ、使えるようになります。VSCodeを使わない場合は、アプリのフォルダー内に直接ファイルをコピーして利用しましょう。

図6-9 VSCodeのエクスプローラーにファイルをドロップするとコピーされる。

モグラ叩きのソースコード

では、ソースコードを作成しましょう。今回もindex.html、style.css、script.jsの3つのファイルを用意します。先ほど用意したmole.pngは、これらのファイルと同じ場所に配置しておいてください。

リスト6-8 index.html

```
<!DOCTYPE html>
<html lang="ja">
<head>
  <meta charset="UTF-8">
  <meta name="viewport" content="width=device-width, initial-scale=1.0">
  <title>モグラ叩きゲーム</title>
  <link rel="stylesheet" href="style.css">
</head>
<body>
  <canvas id="gameCanvas" width="600" height="600"></canvas>
  <script src="script.js"></script>
</body>
</html>
```

リスト6-9 style.css

```
body {
  display: flex;
  justify-content: center;
  align-items: center;
  height: 100vh;
  margin: 0;
  background-color: lightblue;
}
canvas {
  border: 2px solid black;
  background-color: white;
}
```

リスト6-10 script.js

```
// Canvas要素とコンテキストを取得
const canvas = document.getElementById('gameCanvas');
const ctx = canvas.getContext('2d');

// モグラの画像を読み込む
const moleImage = new Image();
```

```
moleImage.src = 'mole.png';

// ゲームのタイマーと時間、スコア、モグラリストの初期化
let updateTimer;
let addTimer;
const gameSec = 30 * 1000; // ゲーム時間30秒
let score = 0;
let moleList = [];
let gameStarted = false;
let startTime;

// マウスクリックイベントの処理
function handleClick(event) {
  // ゲームが開始されていない場合、ゲームを開始
  if (!gameStarted) {
    startGame();
    gameStarted = true;
  }
  // クリックした座標を取得し、モグラに当たっているかチェック
  const mouseX = event.clientX - canvas.offsetLeft;
  const mouseY = event.clientY - canvas.offsetTop;
  moleList.forEach((mole, index) => {
    if (
      mole.visible &&
      mouseX >= mole.x &&
      mouseX <= mole.x + 100 &&
      mouseY >= mole.y &&
      mouseY <= mole.y + 100
    ) {
      // モグラに当たった場合、表示を消してスコアを増やす
      mole.visible = false;
      score++;
    }
  });
}

// ゲームを開始する関数
function startGame() {
  if (gameStarted) { return; } // ゲームが既に開始されている場合は何もしない
  // 初期化
  moleList = [];
  score = 0;
  startTime = Date.now();
  // タイマーを設定
  updateTimer = setInterval(update, 1000 / 60); // ゲーム画面の更新タイマー
```

```
  addTimer = setInterval(addMole, 500); // モグラを追加するタイマー
  setTimeout(endGame, gameSec); // ゲーム終了タイマー
}

// ゲーム画面の更新処理
function update() {
  if (!gameStarted) { return; } // ゲームが開始されていない場合は何もしない
  ctx.clearRect(0, 0, canvas.width, canvas.height); // 画面をクリア
  drawScore(); // スコアを描画
  // モグラリストのモグラを描画
  moleList.forEach(mole => {
    if (mole.visible) {
      ctx.drawImage(moleImage, mole.x, mole.y, 100, 100); // モグラを描画
      // モグラが表示されている時間を超えたら非表示にし、スコアを減らす
      if (Date.now() > mole.hideTime) {
        mole.visible = false;
        score--;
        score = score < 0 ? 0 : score;
      }
    }
  });
}

// モグラを追加する関数
function addMole() {
  const mole = {
    x: Math.random() * (canvas.width - 100), // x座標をランダムに設定
    y: Math.random() * (canvas.height - 100), // y座標をランダムに設定
    visible: true, // 表示状態をtrueに設定
    hideTime: Date.now() + Math.random() * 5000 + 1000 // 非表示になるまでの時間
  };
  moleList.push(mole); // モグラリストに追加
}

// ゲーム終了時の処理
function endGame() {
  gameStarted = false; // ゲーム終了フラグを立てる
  clearInterval(updateTimer); // ゲーム画面の更新タイマーをクリア
  clearInterval(addTimer); // モグラ追加タイマーをクリア
  alert('Game Over! Your score: ' + score); // ゲーム終了メッセージを表示
}

// スコアを描画する関数
function drawScore() {
  ctx.fillStyle = 'black'; // テキストの色を設定
```

1
2
3
4
5
Chapter 6
7

```
  ctx.font = '24px Arial'; // フォントを設定
  // スコアと残り時間を描画
  ctx.fillText('Score: ' + score, 20, 40);
  ctx.fillText('Time: ' + Math.max(0,
    Math.ceil((gameSec - (Date.now() - startTime)) / 1000)),
    20, 80);
}

// ゲームの開始画面を描画する関数
function drawWelcome() {
  ctx.fillStyle = 'blue'; // テキストの色を設定
  ctx.font = '36px Arial'; // フォントを設定
  ctx.fillText('モグラ叩き', 50, 100); // タイトルを描画
  ctx.font = '20px Arial'; // フォントを設定
  ctx.fillText('Click to play ', 80, 150); // クリックして開始のメッセージを描画
}

// クリックイベントリスナーを追加
canvas.addEventListener('click', handleClick);

// ゲーム開始画面を描画
drawWelcome();
```


コードの構成を確認しよう

今回のJavaScriptコードは、だいぶ長くなってきましたね。ゲームなどの複雑な処理を行うプログラムになると、その内容に比例してどんどんコードも長く複雑になってきます。ざっと見ただけでは「難しそう、とても理解するのは無理！」と感じてしまいがちですが、そんなことはありません。

どんなに長いコードでも、その処理はよく見ればたくさんの関数の組み合わせになっていることがわかるでしょう。それぞれの関数は、決して理解できないほど長く複雑ではありません。用意された関数の働きを1つ1つ理解していけば、どんなに長いコードでもちゃんと理解できるようになります。

では、今回のコードで用意されている変数類と、どんな関数が用意されていたのかを簡単に整理していきましょう。

用意されている変数

コードでは、まず最初にゲームで使う変数類を用意しています。かなりいろいろなものが揃っていますね。

```
// Canvasとグラフィックコンテキスト
const canvas = document.getElementById('gameCanvas');
const ctx = canvas.getContext('2d');
```

```
// mole.pngのイメージオブジェクト
const moleImage = new Image();
moleImage.src = 'mole.png';
```

```
// 表示の更新、モグラの追加用タイマー
let updateTimer;
let addTimer;
```

```
// ゲーム時間
const gameSec = 30 * 1000;
```

```
// スコア
let score = 0;
// モグラのデータ
let moleList = [];
// ゲーム中かどうか
let gameStarted = false;
// 開始時間
let startTime;
```

この中で注意が必要なのは、モグラのデータを管理するmoleListでしょう。これは配列を保管するものですが、この配列にはモグラのデータとして以下のようなものを用意して保管します。

```
{
  x: 横位置,
  y: 縦位置,
  visible: 表示・非表示,
  hideTime: 消える時間
}
```

1つ1つのモグラについて、このように「どこにいつまで表示するか」といった情報を用意しておくのです。これを元にゲームの表示を作成していきます。

function handleClick(event)

Canvasをクリックしたときの処理を行います。ゲームを開始していないときはゲーム開

始の処理を行い、ゲーム中はクリックした場所にあるモグラを消す処理を行います。

最初に、ゲーム中でない場合はstartGameを呼び出してgameStartedをtrueにし、ゲームを開始する処理を行っています。

```
if (!gameStarted) {
  startGame();
  gameStarted = true;
}
```

続いて、クリックしたマウスの位置をそれぞれ変数に取り出しておきます。これにはeventとcanvasの両方の値を使います。

```
const mouseX = event.clientX - canvas.offsetLeft;
const mouseY = event.clientY - canvas.offsetTop;
```

引数のeventには、イベント関連の情報が保管されています。clientXとclientYは、イベントが発生したマウスポインタの位置を示します。そしてエレメントにあるoffsetLeftとoffsetTopは、そのエレメントの位置（画面左上からの距離）を示します。これで、エレメント内の相対位置が計算できます。

続いて、モグラデータを保管するmodelListのforEachを呼び出して、モグラのクリックのチェックを行っています。forEachに設定した関数では、(mole, index) => {……}というように2つの引数がありますね。これで、配列の値とインデックスがそれぞれmoleとindexに取り出されます。

ここでは、モグラをクリックしたかチェックしています。

```
if (
  mole.visible &&
  mouseX >= mole.x &&
  mouseX <= mole.x + 100 &&
  mouseY >= mole.y &&
  mouseY <= mole.y + 100
) {……
```

visibleがtrueであり、かつマウスの位置がmoleの領域内であることを調べています。マウスの位置がmoleの領域内かどうかは、以下のように調べられます。

- **マウスの横位置がmoleの左端より大きい。**
- **マウスの横位置がmoleの右端より小さい。**
- **マウスの縦位置がmoleの上端より大きい。**
- **マウスの縦位置がmoleの下端より小さい。**

これらがすべてtrueならば、moleの領域内にマウスポインタがあると判断できます。そうしてmoleがクリックされたと判断できたら、visibleをfalseにして非表示にし、scoreの値を増やします。

function startGame()

ゲームのスタート処理です。必要な変数を初期化し、ゲームで使うタイマーをセットします。まず、gaemStartedがtrueならば、既にゲーム中と判断して何もせずに抜けます。

```
if (gameStarted) { return; }
```

ゲームの開始は、まずモグラデータのmoleListと、スコアのscoreをそれぞれ初期化することから始めます。

```
moleList = [];
score = 0;
```

続いてタイマー関連の処理です。startTimeに現在の時間(タイムスタンプ)を代入し、updateTimerとaddTimerにそれぞれupdateとaddMoleを呼び出すタイマーを設定します。これで60分の1秒ごとにupdateが呼び出されて表示が更新され、0.5秒ごとにaddMoleでモグラが追加されるようになります。

```
startTime = Date.now();
updateTimer = setInterval(update, 1000 / 60);
addTimer = setInterval(addMole, 500);
setTimeout(endGame, gameSec);
```

最後に、ゲーム時間であるgameSecを使ってタイマーを設定し、指定の時間が経過したらゲーム終了のendGameを実行するようにしておきます。

function update()

表示の更新処理です。Canvasをクリアし、用意したデータを元にモグラを描いていきます。まず、gameStartedをチェックしてゲーム中でなければ何もしないで終了をします。

```
if (!gameStarted) { return; }
```

続いて、Canvas全体の表示をクリアし、drawScoreでスコアを描画します。

```
ctx.clearRect(0, 0, canvas.width, canvas.height);
drawScore();
```

その後にあるmoleList.forEachの処理が描画処理です。引数に用意した関数では、まずmole.visibleをチェックし、trueならば指定の位置にモグラを描画します。

```
if (mole.visible) {
  ctx.drawImage(moleImage, mole.x, mole.y, 100, 100);
```

イメージの描画は、グラフィックコンテキストの「drawImage」というメソッドで行えます。これは第1引数に描画するイメージのImageオブジェクトを指定し、その後に描画する位置と縦横の大きさを指定します。これで指定の位置にイメージが描かれます。

続いて、現在の時間がmoleに指定した表示時間(hideTime)を過ぎていたならモグラを消す処理を用意します。

```
if (Date.now() > mole.hideTime) {
  mole.visible = false;
  score--;
  score = score < 0 ? 0 : score;
}
```

moleのvisibleをfalseにした後、scoreを1減らしています。ゼロ以下にはならないように、score ＜ 0 ? 0 : scoreというようにして値を設定し直していますね。これは「三項演算子」といって、条件に応じて値を設定する式です。

```
条件 ? 値1 : 値2
```

三項演算子はこんな具合に記述し、条件がtrueならば値1を、falseなら値2を返します。これで、score ＜ 0ならばゼロを、そうでないならscoreをscoreに代入し直すようにしていたのです。

function addMole()

モグラを新たに追加する処理です。まず、追加するモグラの情報をまとめたオブジェクトを作成します。

```
const mole = {
  x: Math.random() * (canvas.width - 100),
  y: Math.random() * (canvas.height - 100),
  visible: true,
```

```
  hideTime: Date.now() + Math.random() * 5000 + 1000
};
```

xとyには、Canvasの縦横サイズからモグラの横幅を引いた範囲内で乱数を作成して設定します。そしてvisibleはtrueに、hideTimeには現在の時刻にランダムな値(1000〜6000の範囲)を足した値を用意しています。これで現在から1〜6秒後にモグラが消えるようにできます。

オブジェクトが用意できたら、moleListにpushで追加してモグラの作成は完了です。

function endGame()

ゲームの終了は、ゲーム中を表すgameStartedをfalseにし、表示の更新とモグラ追加のタイマーを無効化してからアラートを表示します。これでゲーム終了です。

```
gameStarted = false;
clearInterval(updateTimer);
clearInterval(addTimer);
alert('Game Over! Your score: ' + score);
```

function drawScore()

スコアの表示です。これはscoreの値を指定した場所に文字列として描くだけです。文字列の描画は、まず描く色とフォントを設定してから描画を実行します。

```
ctx.fillStyle = 'black';
ctx.font = '24px Arial';
ctx.fillText('Score: ' + score, 20, 40);
```

文字列の色はfillStyleで設定します。そしてfontで使用するフォントを設定します。これは、'24px Arial'というようにサイズとフォント名をテキストにまとめたものを使います。

文字列の描画はグラフィックコンテキストの「fillText」で行えます。テキストと、描く位置をそれぞれ引数に指定します。

スコアの他に、残り時間も以下のようにして表示しています。

```
ctx.fillText('Time: ' + Math.max(0, Math.ceil((gameSec - (Date.now() -
startTime)) / 1000)), 20, 80);
```

ちょっとわかりにくいですね。gameSec - (Date.now() - startTime)は、現在の時刻から開始時間を引いたもの(つまり経過時間)をgameSecから引くことで、残り時間を計算しています。これはミリ秒の値なので1000で割って秒数にし、更にMath.ceilで整数にしています。

この値は、更にMath.max(0, ……)というものの中に組み込まれていますね。これは引数から最大値をえるものです。万が一、経過時間が過ぎてしまった場合、残り時間はマイナスの値になってしまいます。Math.maxで、その場合はゼロが値として得られるようにしているのです。

function drawWelcome()

最後に、ページを開いたときに最初に表示される内容を作成しているdrawWelcomeが用意されています。これで、タイトルと「Click to play」という文字列をCanvasに表示しています。

```
ctx.fillStyle = 'blue';
ctx.font = '36px Arial';
ctx.fillText('モグラ叩き', 50, 100);
ctx.font = '20px Arial';
ctx.fillText('Click to play ', 80, 150);
```

イベント設定と初期画面

これで、用意されている関数の内容が一通りわかりました。最後に、Canvasをクリックしたらhandleclick関数が実行されるようにし、drawWelcomeを呼び出して最初の画面が表示されるようにしてコード終了です。

```
canvas.addEventListener('click', handleClick);
drawWelcome();
```

いかがでしたか？ 長いコードでも1つ1つの関数はそれほど難しくはありません。少しずつ解読していけば、それぞれの関数の働きがわかり、それらを組み合わせてプログラムがどう動いているのか、おぼろげながら見えてくるでしょう。

6-3 ブロック崩し

Section

動くゲームの基本を学ぼう

モグラ叩きは、現れたモグラをクリックして消すだけのものです。これは、ただイメージを表示するだけで、ゲームのキャラクターなどを操作したりするわけではありません。しかし、多くのゲームは、キーボードやマウスでキャラクターを動かしたりして遊びます。こうした「プレイヤーが操作して動かすゲーム」も作成してみましょう。

今回作成するのは、「ブロック崩し」です。ブロック崩しは、誰しも一度は見たことがあるのではないでしょうか。縦横にズラッと整列したブロックにボールをぶつけて消していくゲームですね。

このゲームはあまりに有名なので、細かい仕様などを指定せずともコードを生成することができます。今回は以下のようなシンプルなプロンプトを実行しました。

リスト6-11 プロンプト

```
ブロック崩しゲームのWebアプリを作成してください。ファイルはindex.html、style.css、script.jsの3つを利用します。
```

これで、ちゃんとブロック崩しのゲームのコードが生成されました。ただし、何度か試してみたところ、必ずしも「ちゃんと遊べるゲームのコード」が生成されるとは限らないようで、動かしてみるとまともに動かない、といったこともありました。しかし、きちんと動作するコードが一発で生成される例も確認できました。実際に試してみて、ちゃんと遊べるコードが作られるか確認してみましょう。

ブロック崩しについて

今回のコードは、ほぼ問題なく動作するコードを元に細かな調整を行って完成させたものです。Webページを開くと、ゲームの初期画面が表示されます。このゲーム画面をクリックすると、ゲームがスタートします。

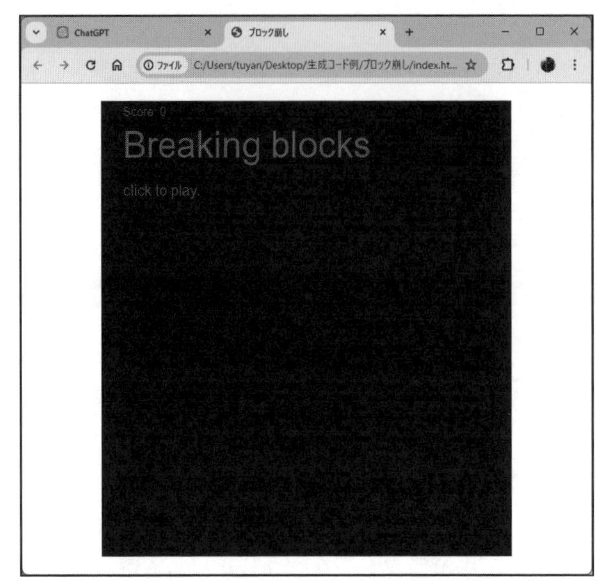

図6-10 Webページの画面。クリックするとゲームスタートする。

上部にはブロックがずらりと表示され、下部にパドルが表示されます。パドルは左右の矢印キーやマウスで動かすことができます。パドルでボールを跳ね返し、ブロックに当てて壊していってください。

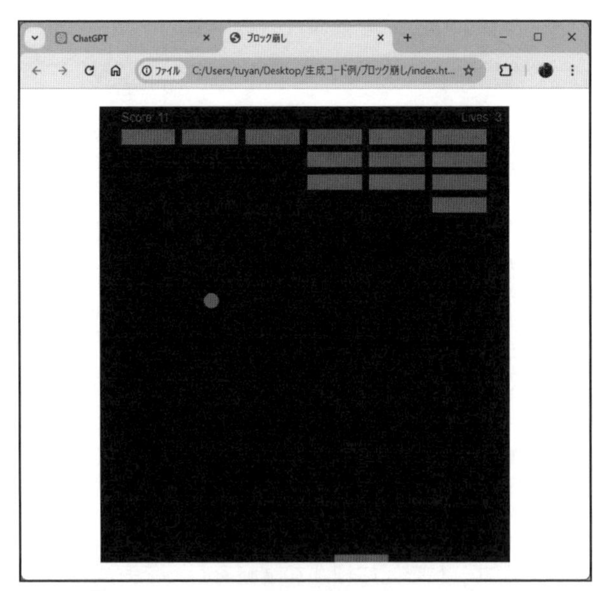

図6-11 パドルでボールを跳ね返し、ブロックを崩していく。

プレイヤーのライフは3つあり、ボールを跳ね返せずに下まで落ちてしまうとライフが1つ減り再スタートになります。3つのライフがなくなるとゲームオーバーです。またすべてのブロックを消すとゲームクリアになります。

図6-12 ライフがなくなるとゲームオーバーになる。

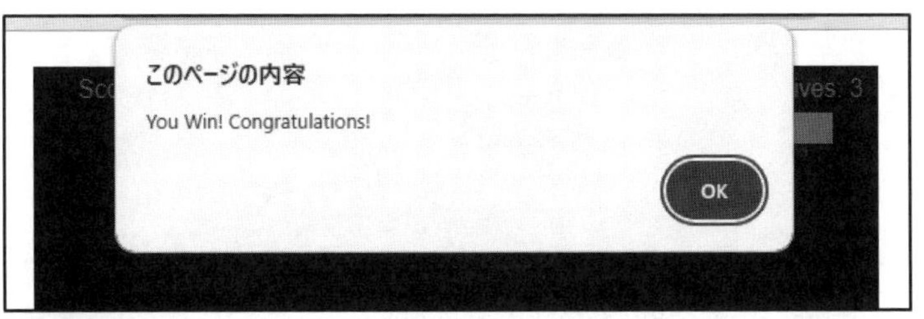

図6-13 すべてのブロックを消すとゲームクリア。

ゲームのソースコードを作成する

では、Webアプリを作成しましょう。index.html、style.css、script.jsの3つのファイルのソースコードを掲載しておきます。

リスト6-12 index.html

```
<!DOCTYPE html>
<html lang="en">
<head>
  <meta charset="UTF-8">
  <meta name="viewport"
  content="width=device-width, initial-scale=1.0">
  <title>ブロック崩し</title>
  <link rel="stylesheet" href="style.css">
</head>
<body>
  <canvas id="gameCanvas" width="560" height="600"></canvas>
  <script src="script.js"></script>
</body>
</html>
```

リスト6-13 style.css

```
body {
  display: flex;
  justify-content: center;
  align-items: center;
  height: 100vh;
  margin: 0;
  padding: 0;
  overflow: hidden;
}

#gameCanvas {
  background-color: #000;
}
```

リスト6-14 script.js

```
// canvas要素を取得し、2Dコンテキストを取得する
const canvas = document.getElementById('gameCanvas');
const context = canvas.getContext('2d');

// ボールの半径と速度を設定する
const ballRadius = 10;
let dx = 2;
let dy = -2;

// パドルのサイズと位置、および操作状態を設定する
const paddleHeight = 10;
const paddleWidth = 75;
let paddleX = (canvas.width - paddleWidth) / 2;
let rightPressed = false;
let leftPressed = false;

// ブロックのサイズ、オフセット、および状態を設定する
const brickWidth = 75;
const brickHeight = 20;
const brickPadding = 10;
const brickOffsetTop = 30;
const brickOffsetLeft = 30;
const bricks = [];
const brickRowCount = 4;
const brickColumnCount = canvas.width / (brickWidth + brickOffsetLeft);

// ボールとゲーム状態の初期化、スコア、ライフの設定
let x = canvas.width / 2;
let y = canvas.height - 30;
```

```
let isPlaying = false;
let score = 0;
let lives = 3;

// ゲームの初期化
function init() {
  x = canvas.width / 2;
  y = canvas.height - 50;
  isPlaying = true;
  score = 0;
  lives = 3;
  for (let c = 0; c < brickColumnCount; c++) {
    bricks[c] = [];
    for (let r = 0; r < brickRowCount; r++) {
      const brickX = (c * (brickWidth + brickPadding)) + brickOffsetLeft;
      const brickY = (r * (brickHeight + brickPadding)) + brickOffsetTop;
      bricks[c][r] = { x: brickX, y: brickY, status: 1 };
  }
  }
  draw();
}

// ブロックの数を返す
function getBricks() {
  let count = 0;
  for (let c = 0; c < brickColumnCount; c++) {
    for (let r = 0; r < brickRowCount; r++) {
      if (bricks[c][r].status === 1) {
        count++;
      }
    }
  }
  return count;
}

// ゲーム開始画面を描画する
function drawWelcome() {
  context.clearRect(0, 0, canvas.width, canvas.height);
  context.font = '48px Arial';
  context.fillStyle = '#0095DD';
  context.fillText('Breaking blocks', 30, 75);
  context.font = '20px Arial';
  context.fillText('click to play.', 30, 125);
  drawScore();
}
```

```
// ボールを描画する
function drawBall() {
  context.beginPath();
  context.arc(x, y, ballRadius, 0, Math.PI * 2);
  context.fillStyle = '#0095DD';
  context.fill();
  context.closePath();
}

// パドルを描画する
function drawPaddle() {
  context.beginPath();
  context.rect(paddleX, canvas.height - paddleHeight, paddleWidth, 
paddleHeight);
  context.fillStyle = '#0095DD';
  context.fill();
  context.closePath();
}

// ブロックを描画する
function drawBricks() {
  for (let c = 0; c < brickColumnCount; c++) {
    for (let r = 0; r < brickRowCount; r++) {
      if (bricks[c][r].status === 1) {
        context.beginPath();
        context.rect(bricks[c][r].x, bricks[c][r].y, brickWidth, brickHeight);
        context.fillStyle = '#0095DD';
        context.fill();
        context.closePath();
      }
    }
  }
}

// ボールとブロックの衝突判定を行う
function collisionDetection() {
  for (let c = 0; c < brickColumnCount; c++) {
    for (let r = 0; r < brickRowCount; r++) {
      const brick = bricks[c][r];
      if (brick.status === 1) {
        if (x > brick.x && x < brick.x + brickWidth && y > brick.y &&↩
        y < brick.y + brickHeight) {
          dy = -dy;
          brick.status = 0;
```

```
            score++;
            if (getBricks() === 0) {
              alert('You Win! Congratulations!');
              isPlaying = false;
            }
          }
        }
      }
    }
  }

// スコアを描画する
function drawScore() {
  context.font = '16px Arial';
  context.fillStyle = '#0095DD';
  context.fillText(`Score: ${score}`, 30, 20);
}

// ライフを描画する
function drawLives() {
  context.font = '16px Arial';
  context.fillStyle = '#0095DD';
  context.fillText(`Lives: ${lives}`, canvas.width - 65, 20);
}

// ゲームのメインループ
function draw() {
  context.clearRect(0, 0, canvas.width, canvas.height);
  drawBricks();
  drawBall();
  drawPaddle();
  drawScore();
  drawLives();
  collisionDetection();

  // ボールの壁への反射処理
  if (x + dx > canvas.width - ballRadius || x + dx < ballRadius) {
    dx = -dx;
  }
  if (y + dy < ballRadius) {
    dy = -dy;
  } else if (y + dy > canvas.height - ballRadius) {
    // パドルとの衝突判定およびライフ減少処理
    if (x > paddleX && x < paddleX + paddleWidth) {
      dy = -dy;
```

```
            if (x - paddleX < paddleWidth / 3){ dx--; }
            if (x - paddleX > paddleWidth / 3 * 2){ dx++; }
        } else {
            lives--;
            if (!lives) {
                alert('Game Over');
                isPlaying = false;
            } else {
                x = canvas.width / 2;
                y = canvas.height - 30;
                dx = 3;
                dy = -3;
                paddleX = (canvas.width - paddleWidth) / 2;
            }
        }
    }

    // パドルの移動処理
    if (rightPressed && paddleX < canvas.width - paddleWidth) {
        paddleX += 7;
    } else if (leftPressed && paddleX > 0) {
        paddleX -= 7;
    }

    // ボールの位置更新
    x += dx;
    y += dy;

    // ゲームが実行中の場合は次のフレームを要求し、
    // そうでない場合はゲーム開始画面を描画する
    if(isPlaying) {
        requestAnimationFrame(draw);
    } else {
        drawWelcome();
    }
}

// キーボードのイベントハンドラー
document.addEventListener('keydown', keyDownHandler);
document.addEventListener('keyup', keyUpHandler);
document.addEventListener('mousemove', mouseMoveHandler);

// 右キーと左キーの押下状態を更新する
function keyDownHandler(event) {
    if (event.keyCode === 39) {
```

```
    rightPressed = true;
  } else if (event.keyCode === 37) {
    leftPressed = true;
  }
}

// 右キーと左キーの押下状態を更新する
function keyUpHandler(event) {
  if (event.keyCode === 39) {
    rightPressed = false;
  } else if (event.keyCode === 37) {
    leftPressed = false;
  }
}

// マウスの移動イベントハンドラー
function mouseMoveHandler(event) {
  const relativeX = event.clientX - canvas.offsetLeft;
  if (relativeX > 0 && relativeX < canvas.width) {
    paddleX = relativeX - paddleWidth / 2;
  }
}

// ゲームを開始する
function start() {
  if (!isPlaying) {
    init();
  }
}

// canvasクリック時にゲームを開始する
canvas.addEventListener('click', start);
// ゲーム開始画面を描画する
drawWelcome();
```

プログラムの構成を理解しよう

今回のコードは、長さが長くなったのはもちろんですが、ゲームで使われる変数の数もぐっと増えています。さまざまな情報を変数に保持して動くため、それぞれの値の役割がわかっていないと処理の内容がよくわからなくなります。

最初に用意されている変数について簡単に説明をしておきましょう。

```
// canvas要素とグラフィックコンテキスト
const canvas = document.getElementById('gameCanvas');
const context = canvas.getContext('2d');

// ボールの半径
const ballRadius = 10;

// ボールの縦横の速度
let dx = 2;
let dy = -2;

// パドルの縦横のサイズ
const paddleHeight = 10;
const paddleWidth = 75;

// パドルの横方向の位置
let paddleX = (canvas.width - paddleWidth) / 2;

// 左右のキーの押し下げ状態
let rightPressed = false;
let leftPressed = false;

// ブロックの縦横のサイズ
const brickWidth = 75;
const brickHeight = 20;

// ブロックの間隔
const brickPadding = 10;

// ブロックの上と左の空白
const brickOffsetTop = 30;
const brickOffsetLeft = 30;

// ブロックデータ
const bricks = [];

// ブロックの行数
const brickRowCount = 4;

// ブロックの列数(横方向の数)
const brickColumnCount = canvas.width / (brickWidth + brickOffsetLeft);
```

```
// ボールの初期位置
let x = canvas.width / 2;
let y = canvas.height - 30;
```

```
// ゲーム中かどうか
let isPlaying = false;
```

```
// スコアの初期値
let score = 0;
```

```
// ライフの初期値
let lives = 3;
```

ずいぶんたくさんの値がありますね。ブロック、ボール、パドルといったものの位置や大きさに関する情報がかなりあります。どういう値が用意されているかがわかれば、この後のコードの処理も理解しやすくなります。

関数の働きを把握する

では、コードに用意されている関数について、その働きを確認していきましょう。今回は、結構な長さのコードになるため、すべて細かく説明すると相当なページ数がかかってしまいます。ここではポイントだけ説明しておくので、「Webアプリ作成の卒業試験」と考えて、それぞれで関数のコードを考えてみてください。

●function init()

これは、ゲームの初期化を行うものです。ゲームで使う変数(x, y, isPlaying, score, lives)を初期化し、ブロックデータを保管するbricksにブロックのデータを設定していきます。これは2次元配列(配列が入った配列)になっていて、二重の繰り返しを使い、以下のように値を設定しています。

```
bricks[c][r] = { x: 0, y: 0, status: 1 };
```

cとrが、データの縦横のインデックスになります。bricks[0][0]ならば縦ゼロ、横ゼロの位置にある値、という意味です。

それぞれの値は、x, y, statusという3つの値を持つオブジェクトになっています。これでブロックの位置と表示状態を管理します。

●function getBricks()

これは、残りのブロック数を調べる関数です。二重の繰り返しを使い、すべてのbricksの値を調べています。二重の繰り返しは、このように行います。

```
for (let c = 0; c < brickColumnCount; c++) {
  for (let r = 0; r < brickRowCount; r++) {
    ……略……
  }
}
```

これでbricksから個々のデータを取り出し、そのstatusの値をチェックしていくのです。これは以下のように行っています。

```
if (bricks[c][r].status === 1) {
  count++;
}
  ……
```

statusが1ならば「ブロックがある」としてcountの値を1増やします。これを繰り返していくことで、まだ残っているブロックの数がわかります。

●function drawWelcome()

Webページを開いたときの表示を作成するものです。clearRectでCanvas全体をクリアし、fontとfillStyleで表示する文字のフォントと色を設定し、fillTextで文字列を描画します。drawScoreでスコアも表示しておきます。

●drawBall()

ボールの描画を行うものです。ボールのような円は、グラフィックコンテキストの「arc」を使います。これは前章で使いましたね。arcで描いた後、グラフィックコンテキストのfillで図形の塗りつぶしを行えば円が描かれます。

●function drawPaddle()

これは、パドルを描画するものです。パドルは、「rect」という四角を描くメソッドを使って表示します。beginPathでパスを作成した後、rectで四角形を描きます。

●function drawBricks()

二重配列のデータを取り出してブロックを描いていきます。二重の繰り返しを使い、bricksから取り出したデータのstatusが1ならばブロックの描画を行います。ブロックのデータには縦横の位置データが用意されています。この値を元に四角形を描いていきます。

```
context.beginPath();
context.rect(bricks[c][r].x, bricks[c][r].y, brickWidth, brickHeight);
context.fillStyle = '#0095DD';
context.fill();
context.closePath();
```

●function collisionDetection()

ブロックの縦横位置とステータスの値を元に、表示されているブロックと
ボールが接触したかどうかを判定します。

```
if (x > brick.x && x < brick.x + brickWidth && y > brick.y && y < brick.y +
brickHeight) {……
```

x, yはボールの位置です。これらの示す位置がブロックの領域内にあるかどうかをチェックし、領域内にあった場合はそのブロックのstatusをゼロにしてscoreを増やします。また縦方向の移動量を示すdyをプラスマイナス逆にして進む方向を反転させています。

●function drawScore()

スコアの描画です。これはだいたいわかりますね。fontとfillStyleでフォントと色を設定し、fillTextでスコアを表示します。

●function drawLives()

同様に、残りのライフを表示します。これは表示の横位置を canvas.width - 65として、右端に表示されるようにしています。

●function draw()

これが、描画のメイン処理です。clearRectでCanvasをクリアした後、描画関係の関数をつい次に呼び出して描画を行っていきます。

その後、ボールの壁への反射処理、パドルとの衝突判定などの処理を行い、それからパドルの位置の移動などを行っています。おそらく、この部分が一番わかりにくいところとなるでしょう。

●function keyDownHandler(event)、function keyUpHandler(event)

キーを押したときと離したときの処理です。キーの左矢印と右矢印の状態で、rightPressedとleftPressedの値を変更し、押しているかどうかがわかるようにしています。

●function start()

ゲームのスタートです。isPlayingがfalseならば、init関数を呼び出すことでゲームを開始しています。

ゲームはプログラムの流れが難しい

以上、各関数の内容を簡潔にまとめました。それぞれの関数そのものは決して難しいものではありません。ただ、こうしたさまざまな関数がいくつも用意されていて、それらがどういうときにどう呼び出されるか、といった全体の処理の流れがわからないと、ゲームのプログラム作成は難しいでしょう。

ゲームは、頭の中でどのように処理が流れていくかがイメージできるようにならないと、自分で一からコードを作成できるようになりません。そのためにも、まずはAIをフル活用して、完成されたコードをたくさん動かし、しっかり読んで理解しましょう。そうやってさまざまなコードを見ることで、少しずつ「ゲームの流れ」がつかめるようになってくるはずです。

Chapter 7

サーバープログラムに挑戦しよう

本格的なWebアプリを開発しようと思ったなら、サーバープログラムの作成を学ぶ必要があります。ここでは「Node.js」というJavaScriptのエンジンプログラムと「Express」というフレームワークを使い、サーバープログラムの作り方を覚えていきます。

7-1 Section Node.jsとExpress

Webアプリとサーバー開発

ここまで、さまざまなWebアプリを作成してきました。中には「もっと本格的にWebアプリを勉強したい」と考えている人もいることでしょう。

作成したWebアプリは、基本的にすべてHTML、CSS、JavaScriptといったファイルで構成されていました。これらがあれば、簡単なWebアプリは作れます。ただし、本格的なものを作ろうとすると、これだけではすぐに限界を感じてしまうでしょう。その理由は「データ管理」ができないからです。

たとえば、ネットショップのWebアプリを作ろうと考えたとしましょう。商品データなどは、たとえばJSONデータにして読み込んで使うことはできるかも知れません。では、カートに入れた商品は？ それぞれのユーザーがカートに入れた商品はどうやって管理するのでしょう。また、購入した商品の管理は？ 商品を発送したかどうかのチェックは？ こうしたことまで全部、これまでのようなWebアプリでできるんでしょうか。

こうした高度なWebアプリは、これまでのような作り方では作れません。なぜなら、これまでのようなWebページを中心としたものは、データの管理ができないからです。小さいものならデータをブラウザに保管することは可能ですが、Webページだけでは大勢のユーザーのデータを集中管理することはできないのです。Webページは、基本的に「用意したものを表示して使う」ということしかできない、と考えたほうが良いでしょう。

では、世の中にたくさんある高度な表現を行っているWebアプリは、一体どうやっているのでしょうか。それは、「サーバー側でプログラムを動かしている」のです。

サーバーで処理を行う

ここまで作ったWebアプリは、すべてWebページに用意したJavaScriptで処理を行っていました。つまりアクセスしているユーザー（クライアント、といいます）側で処理をしていたのです。これに対し、サーバー側で処理を行うようなプログラムというのも存在します。

たとえばネットショップならば、商品をカートにいれるとサーバーにその情報が送られ、サーバー側でデータベースなどを使ってその情報を管理するのです。カートにアクセスすると、サーバー側でデータベースからそのユーザーのカート情報を取得してWebページに表示します。サーバーで必要な処理をすべて行い、ユーザー側ではサーバーから必要な情報を受け取って表示するのですね。

Webブラウザに表示されているページでは、たとえばファイルに保存をしたりデータベースにアクセスしたりといった高度な処理はできません。しかしサーバーでなら、こうした複雑なことも行えます。Webページ内では行えないような高度で複雑な処理もサーバーに用意したプログラムでなら行える。両者をうまくつなげてやり取りすることで、複雑なWebアプリも作れるようになるのです。

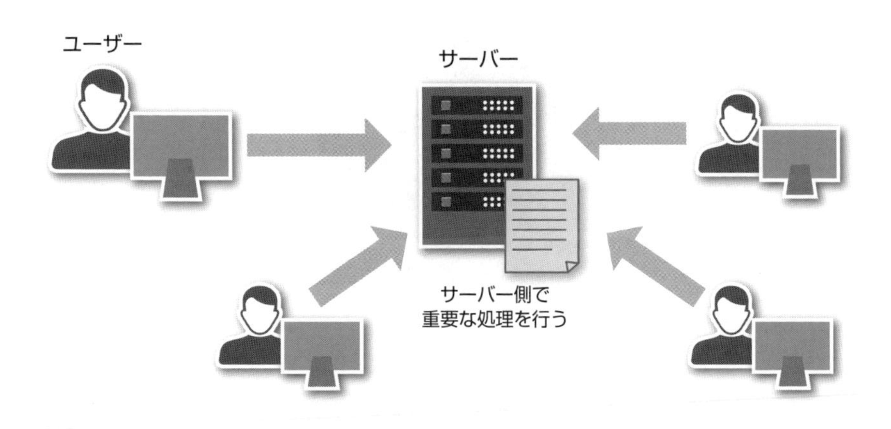

図7-1 ユーザーはサーバーにアクセスしてサーバー側で重要な処理を行う。

サーバー開発とNode.js

では、サーバー側のプログラムというのはどのようにして作るのでしょうか。これは、千差万別です。どんなプログラミング言語でも作ることはできます。ただ、これから新たに別の言語を学習するのはやっぱり大変でしょう。できれば、これまで覚えたJavaScriptでサーバー側のプログラムも作りたいですね。

でも、JavaScriptでサーバープログラムなんて作れるの？ と思った人。作れるんです。世の中には「JavaScriptエンジン」と呼ばれるものが存在します。JavaScriptは、Webページの中だけでしか動かないわけではありません。JavaScriptのスクリプトを読み込んでその場で実行するエンジンプログラムというものを使えば、サーバーでJavaScriptのプログラムを動かすこともできるのです。

このエンジンプログラムが「Node.js」というものです。

Node.jsを用意しよう

Node.jsは、JavaScriptのコードを実行するエンジンプログラムの中でも突出して広く利用されているプログラムです。これはフリーウェアであり、誰でも無料で使うことができます。まずは以下のURLにアクセスしてソフトウェアをダウンロードしましょう。

```
https://nodejs.org/
```

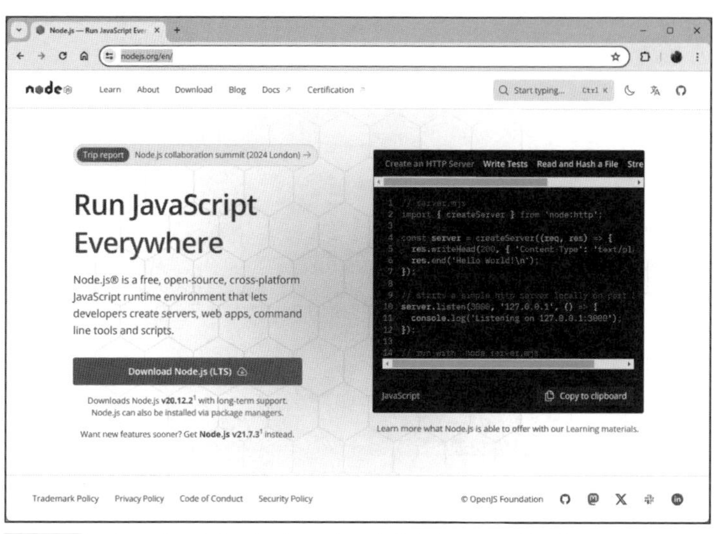

図7-2　Node.jsのWebサイト。ここからダウンロードできる。

トップページには、「Download Node.js (LTS)」というボタンがあります。これをクリックすると、自分が利用しているプラットフォーム用のソフトウェア(インストーラ)がダウンロードされます。

ダウンロードしたら、インストーラをダブルクリックして起動してください。インストーラは非常に簡単な設定でインストールが行えるようになっています。基本的にすべてデフォルトのまま進めていけば問題なくインストールできます。

(途中、「End-User License Agreement」の表示で「I accept ～」というチェックボックスをONにすることだけ忘れずに行ってください)

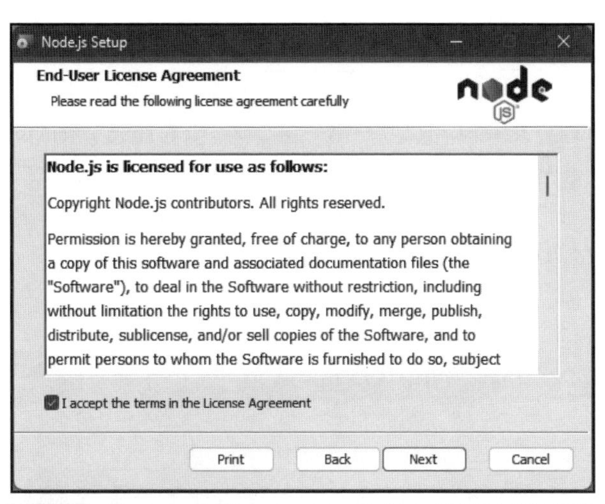

図7-3 Node.jsのインストーラ。ライセンス契約の画面ではチェックをONに変更するのを忘れないこと。

Node.jsのバージョンについて　Column

Node.jsは毎年アップデートされています。本書では、Node.js v20というものを使って説明を行います。もっと新しいバージョンがでている場合も、基本的にこれ以降のものであれば同様に動作するはずです。

もし不安な人は、Node.jsのダウンロードページ(https://nodejs.org/en/download)にアクセスすると、バージョンを指定してソフトウェアをダウンロードできます。ここでv.20をダウンロードしてください。

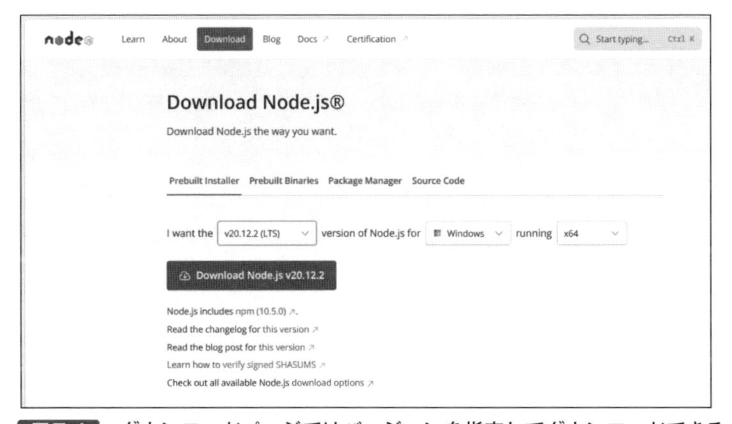

図7-4 ダウンロードページではバージョンを指定してダウンロードできる。

Node.jsは何が違う？

では、Node.jsというものを使って、どのようにサーバープログラムを作成すれば良いのでしょうか。そもそも、Node.jsというのは、普通のWebブラウザで動いているJavaScriptと何がどう違うのでしょう。同じようにHTMLファイルを用意してコードを書けば良いんでしょうか。AIに聞いてみましょう。

リスト7-1 プロンプト

Node.jsと普通のJavaScriptの違いについて簡単に説明してください。

リスト7-2 応答

Node.jsはJavaScriptの実行環境の1つであり、ブラウザ以外の環境でもJavaScriptを実行することができます。一方、普通のJavaScriptは通常、ウェブブラウザ上で動作します。

主な違いは以下の通りです：

1. 実行環境：
Node.jsはサーバーサイドでのJavaScript実行環境であり、ファイルの読み書きやネットワーク通信などの機能が備わっています。一方、普通のJavaScriptは主にウェブブラウザ内で動作し、HTMLやCSSと連携してウェブページを操作するために使用されます。

2. 標準ライブラリ：
Node.jsにはファイルシステムやHTTPなどのモジュールが組み込まれており、サーバーサイドの開発に適したライブラリが豊富に提供されています。一方、普通のJavaScriptはブラウザのAPIを利用します。

3. エコシステム：
Node.jsはnpmと呼ばれるパッケージマネージャーを通じて、豊富なサードパーティのライブラリやフレームワークが利用できます。これにより、さまざまな用途に対応したアプリケーションを簡単に構築できます。一方、普通のJavaScriptはブラウザ上での動作に限定されます。

4. 非同期処理：
Node.jsは非同期処理を重視しており、非同期イベント駆動型のモデルを採用しています。これにより、I/O処理などの待ち時間が発生する処理を効率的に処理できます。一方、普通のJavaScriptは通常、同期処理が中心ですが、最近のブラウザや仕様の進化により、非同期処理の手法が増えてきています。

これらの違いにより、Node.jsはサーバーサイドのアプリケーション開発やコマンドラインツールの作成などに適しています。一方、普通のJavaScriptは主にウェブページ上でのクライアントサイドの動作に利用されます。

どうやら、何もかもが違うようですね。実行環境が違うのはわかりますが、標準ライブラリが違うというのはかなり影響が大きいでしょう。たとえば、これまでWebページを操作するのにdocument.○○というようなメソッドを呼び出したりしていましたが、こうしたことはNode.jsではできません。まったく違うオブジェクトが用意されていて、それを覚えないといけないのです。

また、Node.jsでは、npmというパッケージマネージャーというものでライブラリなどをいろいろ使えるようになっているようです。これも、Webブラウザに用意されている機能だけしか使えないWebブラウザのJavaScriptとは違いますね。

基本的な文法などは、もちろんJavaScriptですからNode.jsでもまったく同じです。けれど、プログラムの中で使えるオブジェクトや関数などは、Webブラウザとはまったく違うのです。「文法は同じだけど、使うものはすべて新しく覚えないとダメ」ということをよく理解しておきましょう。

Expressでアプリを作ろう

では、実際にNode.jsを使ってサーバープログラムを作るにはどうすればいいのでしょうか。これもAIに聞いてみましょう。

リスト7-3 プロンプト

```
Node.jsでサーバープログラムを作る一番簡単な方法は?
```

リスト7-4 応答

```
Node.jsでサーバープログラムを作るもっとも簡単な方法は、Expressフレームワークを使用することです。
Expressは、Node.jsのための軽量で柔軟なウェブアプリケーションフレームワークであり、ルーティング、ミドルウェア、HTTPリクエスト/レスポンスの処理などを簡単に行うことができます。
```

どうやら、サーバープログラムを簡単に作るためのフレームワークというのが存在するようですね。「Express」というものを利用するのが良いようです。

Expressというのは、Node.jsのサーバープログラム作成のための仕組みをもっと使いやすくしたものなのです。Node.jsに用意されている機能だけでサーバープログラムを作ることももちろん可能ですが、結構面倒くさい部分などがいろいろとあるのです。Expressを使うと、サーバープログラムの基本的な仕組みが最初から用意されていて比較的簡単に必要な処理を組み込んでいけるようになっているのです。

ExpressでWebアプリを作るには?

では、実際にExpressを使ったWebアプリを作成してみましょう。AIに教えてもらいながら、作業をしていきましょう。

リスト7-5 プロンプト

```
Expressを使ったWebアプリの作り方を教えてください。
```

リスト7-6 応答

Expressを使ったWebアプリを作る手順を以下に示します。

1. Node.jsのインストール:
まず、Node.jsをインストールしてください。Node.jsがインストールされていない場合は、[公式サイト](https://nodejs.org/)からダウンロードしてインストールできます。

プロンプトを送信すると、かなり長い応答が返ってきました。アプリの作成手順だけでなくサンプルコードまで生成されたので、一度にすべて理解するのは難しそうです。少しずつ進めていきましょう。

まず、Node.jsのインストールですが、これはもう済んでいますね。では、次に進みましょう。

リスト7-7 応答(続き)

2. プロジェクトの初期化:
Expressアプリを作成する新しいディレクトリを作成し、そのディレクトリ内で以下のコマンドを実行してプロジェクトを初期化します。

```
npm init -y
```

Webアプリのフォルダーを用意して、Node.jsのプログラムを作っていくための準備を行うのですね。

では、デスクトップに「my_express_app」という名前でフォルダーを作成しましょう。そしてターミナルなどのコマンドを実行するアプリを起動して、以下のように実行してください。

リスト7-8

```
cd Desktop
cd my_express_app
npm init -y
```

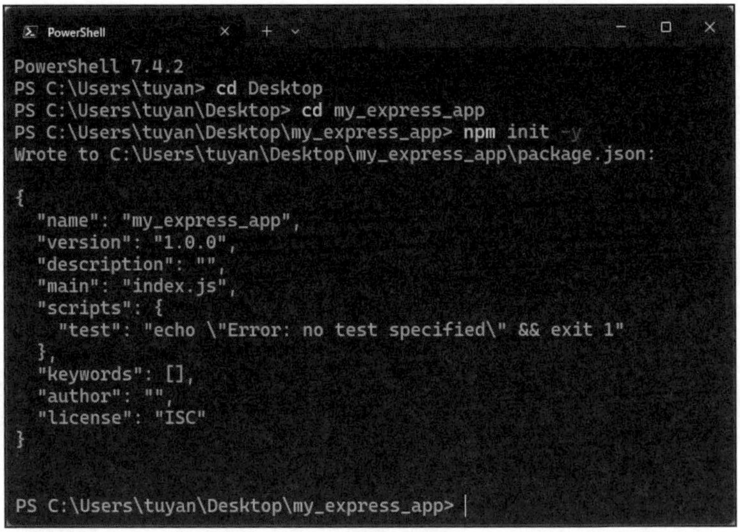

```
PowerShell 7.4.2
PS C:\Users\tuyan> cd Desktop
PS C:\Users\tuyan\Desktop> cd my_express_app
PS C:\Users\tuyan\Desktop\my_express_app> npm init -y
Wrote to C:\Users\tuyan\Desktop\my_express_app\package.json:

{
  "name": "my_express_app",
  "version": "1.0.0",
  "description": "",
  "main": "index.js",
  "scripts": {
    "test": "echo \"Error: no test specified\" && exit 1"
  },
  "keywords": [],
  "author": "",
  "license": "ISC"
}


PS C:\Users\tuyan\Desktop\my_express_app> |
```

図7-5 ターミナルからコマンドを実行する。

最初の「cd ○○」というコマンドは、指定した名前のフォルダーに場所を移動するものです。cd Desktopでデスクトップに移動し、cd my_express_appで作成したフォルダー内に移動しました。そして「npm init -y」というコマンドで、Node.jsのプログラム(パッケージと呼ばれます)作成のための初期化作業が実行されます。

リスト7-9 応答(続き)

3. Expressのインストール:

Expressはnpmを使ってインストールできます。以下のコマンドを使ってインストールしてください。

```
npm install express
```

続いて、Expressのプログラム(パッケージ)をフォルダーにインストールします。そのままターミナルから「npm install express」というコマンドを実行してください。これでExpressがインストールされます。合わせて、Expressを利用するために必要なパッケージ類もすべてインストールされます。

これで、Webアプリの土台となる部分はできました。後は、JavaScriptのコードを書いてアプリを作っていくだけです。あ！ それから、ターミナルはこれから先もまだまだ使うので、まだ終了しないでください。作業中は、ずっと開いたままにしておきましょう。

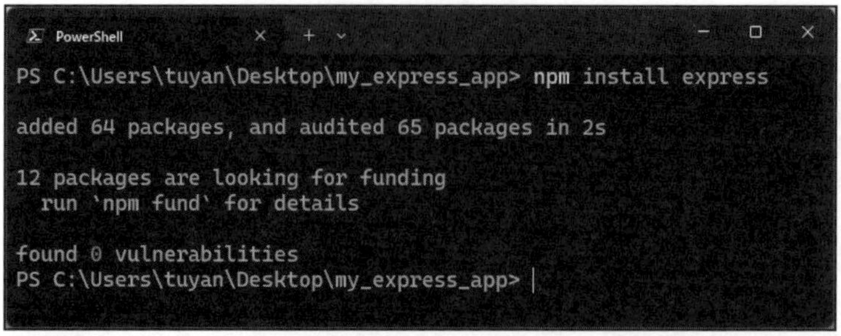

```
PowerShell
PS C:\Users\tuyan\Desktop\my_express_app> npm install express

added 64 packages, and audited 65 packages in 2s

12 packages are looking for funding
  run `npm fund` for details

found 0 vulnerabilities
PS C:\Users\tuyan\Desktop\my_express_app> |
```

図7-6 Expressをインストールする。

「cd Desktop」でデスクトップに移動できない！ Column

Windows 10/11を利用している場合、「cd Desktop」でデスクトップに移動できず、「指定したパスが見つからない」といったメッセージが現れた人もいるかも知れません。Windows 10以降では、One Driveを利用していてホーム内の主なディレクトリをバックアップしている場合、それらのフォルダーがOne Drive内のフォルダーに置き換わる場合があります。こうした場合、デスクトップのフォルダーがOne Drive内にあるため、cd Desktopで移動しようとするとエラーになります。

そのような場合は、One Driveにある「デスクトップ」フォルダーを開き、そのパスをコピーして「cd 」の後にペーストして実行してください。

Expressアプリのコードを作成する

Node.jsは、JavaScriptのコードを直接実行するものですから、プログラムはJavaScriptのスクリプトファイルとして用意します。「○○.js」というファイルですね。

では、どんなコードを書けば良いのでしょうか。AIからの応答の続きを見てみましょう。

リスト7-10 応答(続き)

4. Expressアプリの作成:

app.jsというファイルを作成し、以下のようにExpressアプリを初期化します。

```
const express = require('express');
const app = express();

app.get('/', (req, res) => {
    res.send('Hello World!');
});
```

```
app.listen(3000, () => {
    console.log(`Example app listening on port 3000.`);
});
```

まず、フォルダーの中に「app.js」という名前でファイルを用意するのですね。そろそろ、プログラミングの作業に入りますから、このあたりでVSCodeを起動し、「my_express_app」フォルダーを開いて編集できるようにしておきましょう。そして新しいファイル「app.js」をフォルダー内に作成してください。

ファイルが用意できたら、AIが用意したコードをそのまま記述しましょう。なんだか見たことのない単語ばかり出てきますが、内容は後で説明するので今はそのまま書き写してください。

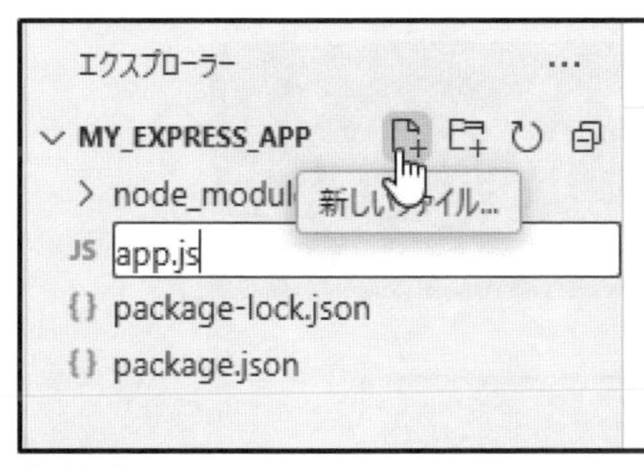

図7-7 VSCodeでフォルダーを開き、「app.js」ファイルを作成する。

プログラムを実行しよう

コードの記述ができたら、作成したプログラムを動かしてみましょう。これもAIからの応答で説明されていました。

リスト7-11 応答(続き)

5. アプリの実行: 以下のコマンドを実行して、Expressアプリを起動します。

```
node app.js
```

6. ブラウザで確認: ブラウザで `http://localhost:3000` にアクセスして、「Hello World!」と表示されることを確認してください。

これで、Expressを使った最小限のWebアプリが作成されました。必要に応じてルーティングやコントローラ、ビューなどを追加して、アプリを拡張していくことができます。

プログラムの実行も、やっぱりターミナルでコマンドを使って行うのですね。ターミナルはまだ開いてますね？ では、「node app.js」というコマンドを実行しましょう。Node.jsのプログラムは、こんな具合に「node ファイル名」という形で実行します。

このコマンドは、実行してもすぐには終了しません。実行しっぱなしになります。これは、サーバープログラムが起動して動いているからです。Ctrlキー+「C」キーで終了すると、サーバープログラムも終了します。サーバープログラムは、こんな具合に「ずっとコマンドが実行された状態になる」ということを理解しておきましょう。

では、プログラムを実行したら、Webブラウザから「http://localhost:3000/」というURLにアクセスをしてみてください。これが、実行したサーバープログラムが公開されているURLです。ここにアクセスすると、「Hello World!」とテキストが表示されます。これが、今回作成したサーバープログラムで表示されたコンテンツです。

まぁ、ただテキストが表示されるだけのものですが、とりあえず「サーバープログラムを作って、動かして、表示する」ということはできました！

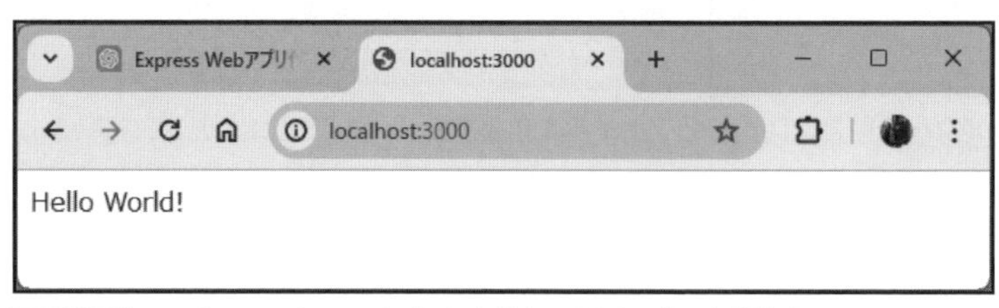

図7-8　node app.jsコマンドを実行し、Webブラウザからhttp://localhost:3000/にアクセスするとテキストが表示される。

Expressの基本コード

さぁ、これで「Expressを使ってサーバープログラムを作る」という基本はできました。では、今回作成したプログラムはどういうことを行うものだったのでしょうか。AIに説明してもらいましょう。

リスト7-12 プロンプト

作成したExpressアプリのコードにコメントを付けてコードの内容を説明してください。

リスト7-13 応答

以下のコードは、Expressを使用して作成したサーバーアプリのコードです。各行について、コメントを付けて説明します。

```
// Expressモジュールを読み込む
const express = require('express');
// Expressアプリを初期化し、定数appに代入する
const app = express();

// ルートパス('/')にGETリクエストが来たときの処理
app.get('/', (req, res) => {
  // クライアントに"Hello World!"という文字列を返す
  res.send('Hello World!');
});

// アプリを指定したポートでリスニングする
app.listen(3000, () => {
  // サーバーがリスニング開始したことをコンソールに出力する
  console.log('Server is listening on port 3000.');
});
```

1行ずつコメントを付けて説明してもらいました。といっても、これでもまだまだわかりにくいかも知れませんね。順番にもう少し詳しく説明しましょう。

Expressモジュールのロード

最初に行うのは、Expressのモジュールをロードする作業です。これを行っているのが以下の文です。

```
const express = require('express');
```

Node.jsでは、アプリにインストールしたパッケージ類は「モジュール」と呼ばれる形でプログラム内で読み込み利用することができます。これは、このように行います。

```
変数 = require( モジュール名 );
```

これでモジュールを読み込み、読み込んだオブジェクトを変数に代入して使える状態にします。今回は、expressモジュールを読み込んでいたのですね。

expressオブジェクトの作成

Expressを使う場合、最初に行うのはExpressオブジェクトの作成です。これは以下のように行っています。

```
const app = express();
```

express()というように関数として実行することで、サーバープログラムのオブジェクトを作成します。このオブジェクトから必要なメソッドを呼び出してサーバーのプログラムを作成していきます。

ルート処理の作成

expressオブジェクトには、「ルート処理」というものを実装するためのメソッドが用意されています。これは、指定したパスにアクセスをしたときにどういう処理を行うかを設定するものです。これを行っているのが以下の部分です。

```
app.get('/', (req, res) => {
  res.send('Hello World!');
});
```

これは変数appに入っているexpressオブジェクトから「get」というメソッドを呼び出しています。このgetは、指定したパスに「GET」メソッドでアクセスをしたときに実行される処理を設定するもので、以下のように呼び出します。

```
《express》.get( パス , 関数 );
```

「GET」メソッドというのは、普通に指定したパスにアクセスするのに使われるHTTPメソッドです。WebではHTTPというプロトコルを使ってアクセスを行っていますが、このHTTPには「どういう用途でアクセスをしているか」に応じていくつかのメソッドが用意されています。GETは、「サーバーから情報を受け取る」という用途のためのメソッドです。普通にWebサイトにアクセスするときはこのGETが使われます。

getの第2引数に指定する関数は、以下のような形をしています。

```
(req, res) => {
  ……実行する処理……
});
```

2つの引数がありますね。これらには、それぞれ「Request」と「Response」というオブジェクトが渡されます。クライアント(Webブラウザなど)からサーバーにアクセスしたときの情報と、サーバーからクライアントにコンテンツを返送するときの情報を管理するオブジェクトです。

ここでは関数内で、Responseにある「send」というメソッドを呼び出していますね。これは以下のように実行します。

```
res.send( 値 );
```

このsendは、クライアントに送信するコンテンツを設定するものです。ここでは、res.send('Hello World!'); というように実行していましたね。つまり、'Hello World!'という文字列をクライアントに返送していたのですね。

こうして返送されたコンテンツが、そのままクライアントで受け取られ、コンテンツとして表示されるのです。

待ち受けの実行

必要なルート処理を用意したら、最後に「待ち受け処理」というものを実行します。これを行っているのが以下の文です。

```
app.listen(3000, () => {
  console.log('Server is listening on port 3000.');
});
```

ここでは「listen」というメソッドを呼び出しています。listenは、クライアントからアクセスがあるまで待機するものです。第1引数にある3000という数字は、ポート番号というものです。Webサーバーは、http://○○:番号/ というようなURLでアクセスするようになっています。この最後の番号がポート番号です。

いざ、このサーバーのURLにアクセスがあると、アクセスしたパスにルート処理が割り当てられているか(getでそのパスに処理を割り当てているか)を確認し、getで割り当ててあった場合はその関数を実行します。いつどこからアクセスがあっても対応できるように、サーバーへのアクセスをずっと待ち続ける、これがlistenメソッドの働きです。

listenの第2引数の関数は、以下のように定義します。

```
()=> {
  ……実行する処理……
}
```

これは何かというと、待受を開始した(つまり、サーバーにアクセスできるようになった)

際に実行されるものです。ここではconsole.logでメッセージを表示していますね。これが表示されれば、もうサーバーにアクセスできるようになった、といえるわけですね。

普通のWebサイトにポート番号がないのはなぜ？ Column

Webサーバーは、http://〇〇:番号/というように最後にポート番号というのが付けられる、と説明しました。しかし、私たちが普段利用しているWebサイトには、こんな番号はついていません。なぜ番号がないのでしょうか。

実は、WebのHTTPプロトコルでは、デフォルトで使用するポート番号(80番)というのが決まっており、この番号を使っているときは番号を省略して良いのです。一般的なWebサイトはだいたいデフォルトのポート番号を使っているので、番号を省略してアクセスできるのですね！

サーバープログラムに慣れよう

サーバープログラムのもっとも基本的なコードを見て、どう感じたでしょうか。「Webページとはまるで違う、何をやってるのかわからない」と感じた人も多いのではないでしょうか。

サーバープログラムの作成は、何よりもまず「これまでのWebページのプログラムとは違う」という点を理解する必要があります。

同じJavaScriptでも、Webページとは使うオブジェクトがまったく違います。また、実行する処理の内容も異なります。Webページでは、せいぜい関数を書いてそれをイベントに割り当てる、といったことしか行いません。

しかしサーバープログラムでは、プログラムを実行し、サーバーで行う処理(ルート処理など)をすべて実装して、最後に待ち受け状態にしてユーザーからのアクセスを待ち受けるまで、すべて自分でコードを記述して動かさないといけません。

このように、サーバープログラムはWebページに比べると格段に複雑になります。また書き方も違うので、慣れないうちは「何をやっているのかわからない」という感じかも知れません。

この後、小さなサーバープログラムを少しずつ書いていきます。何度も書いていけば、少しずつコードに慣れ、自分がやっていることがどういうことか感覚的につかめるようになってくるでしょう。

慌てず、少しずつサーバープログラムに慣れていきましょう。今は「コードの意味がまるでわからない」という人も、慣れればちゃんと全体の流れを理解できるようになりますから心配はいりませんよ。

node_modules と package.json について

とりあえずExpressのプログラムを動かすことまでできたところで、作成したアプリの内容についてちょっと目を向けてみましょう。アプリのフォルダー（「my_express_app」フォルダー）の中には、私たちが作っていないはずのファイルやフォルダーも作成されているのに気づいたかも知れません。それらについて簡単に説明しておきましょう。

「node_modules」フォルダー

このフォルダーは、アプリで使用するパッケージ類がまとめられているところです。npm installでパッケージをインストールすると、必要なパッケージのファイル類がこのフォルダー内に保存されます。

このフォルダーを開いてみると、驚くでしょう。「express」だけでなく、たくさんのフォルダーが作成されているからです。これは、Expressというパッケージ自体も、他のパッケージを利用しているためです。Expressが利用しているパッケージがあり、そのパッケージから利用されているパッケージがあり、更にそのパッケージから……というように、Expressを利用するためには実はたくさんのパッケージが必要です。こうしたパッケージ間の依存関係をすべて調べ上げ、必要なものをこのフォルダーにまとめて保存しているのです。

これは、Expressだけではなく、どのパッケージでも同じです。パッケージをインストールすると、それを動かすのに必要なパッケージ類もすべてインストールされるようになっています。

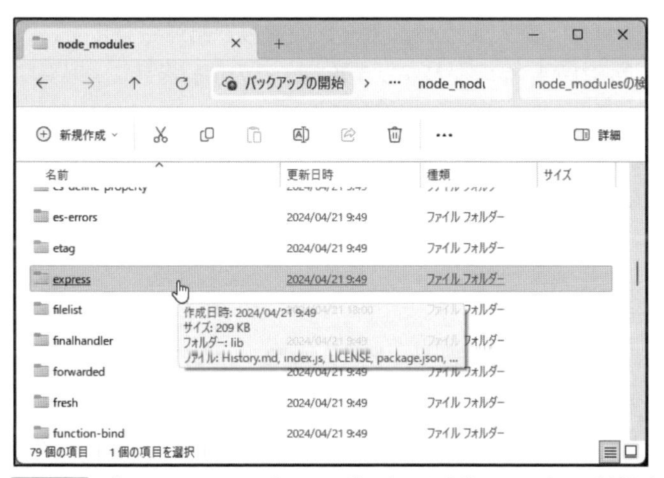

図7-9 「node_modules」フォルダー内には多数のパッケージが保存されている。

package.jsonについて

「my_express_app」フォルダーには、この他に「package.json」「package-lock.json」といったファイルも作成されているでしょう。

package.jsonは、このパッケージ(「my_express_app」アプリのこと)に関する各種の情報が記述されています。これを開くと、おそらく以下のようなJSONコードが記述されているでしょう。

リスト7-14

```
{
  "name": "my_express_app",
  "version": "1.0.0",
  "description": "",
  "main": "index.js",
  "scripts": {
    "test": "echo \"Error: no test specified\" && exit 1"
  },
  "keywords": [],
  "author": "",
  "license": "ISC",
  "dependencies": {
    "express": "^4.19.2"
  }
}
```

名前やバージョンなどの細かな情報が記述されているのがわかります。その他、"dependencies"というところには、参照するパッケージの情報が記述されます。ここでは"express"パッケージが記述されているのがわかりますね。この情報を元に、必要なパッケージをインストールしたりできるようになっているのですね。

もう1つのpackage-lock.jsonはパッケージの依存関係を正確に記したもので、これはパッケージをインストールした際に自動生成されます。私たちがこのファイルを開いて編集することはないので、「何かよくわからないけど自動で作られるファイル」と考えておけばいいでしょう。

とりあえず、package.jsonにどんな情報が書かれているか、ざっと頭に入れておきましょう。本書ではpackage.jsonを直接編集することはありませんが、慣れてくるとここに必要なパッケージの情報を書いたり、実行するコマンドを定義したりできるようになるのです。今すぐ使わなくとも、このファイルがどんなもので何が書いてあるのかぐらいは知っておきましょう。

7-2 Webページを作ろう

Section

Webページとテンプレートエンジン

とりあえず、簡単なテキストを表示することはできましたが、しかし「res.sendで表示するコンテンツを出力する」というやり方はすぐに限界が見えてくるでしょう。Webページというのは HTMLで書かれており、その中にCSSやJavaScriptのコードも含むことがあります。それをただの文字列としてres.sendで出力していくのはかなり大変でしょう。

こんなとき、Expressの開発者が利用するのが「テンプレートエンジン」です。テンプレートエンジンというのは、Webページなどを生成するのに使われる技術です。あらかじめHTMLのコードなどでWebページの内容を用意しておき、それを元にさまざまな変数や関数の値などを組み込んでページを作成できるようにします。

このテンプレートエンジンは、さまざまなものがありますが、ここではもっとも初心者向きな「EJS」というものを使ってみましょう。では、さっそくAIに使い方を尋ねてみます。

リスト7-15 プロンプト

ExpressでEJSを利用するには?

リスト7-16 応答

ExpressでEJS (Embedded JavaScript)を利用するには、以下の手順に従います。

1. EJSのインストール:

まず、EJSをExpressアプリに統合するために、npmを使ってEJSをインストールします。

```
npm install ejs
```

```
PS C:\Users\tuyan\Desktop\my_express_app> npm install ejs

added 16 packages, and audited 81 packages in 2s

14 packages are looking for funding
  run `npm fund` for details

found 0 vulnerabilities
PS C:\Users\tuyan\Desktop\my_express_app> |
```

図7-10 npm installコマンドでEJSをインストールする。

これもずらっと長い応答が出力されました。では、少しずつ見ていきましょう。

まずはEJSのインストールからです。ターミナルで「node app.js」でアプリを実行中の人は、Ctrlキー+「C」キーで一度終了してください。そして「npm install ejs」を実行しましょう。これでフォルダー内にEJSのパッケージがインストールされます。

app.jsの修正

続いて、EJSを利用するためのコードに関する説明です。ここでは以下のように出力されていました。

リスト7-17 応答(続き)

2. ExpressでEJSをセットアップ:

ExpressアプリでEJSを使用するには、`app.js`などのエントリーポイントファイルでEJSを設定する必要があります。以下のように`app.js`を更新します。

```
const express = require('express');
const app = express();

// EJSを使うための設定
app.set('view engine', 'ejs');

// ルートハンドラー
app.get('/', (req, res) => {
  // データオブジェクトの作成
  const data = {
    title: 'My Express App',
    message: 'Welcome to my Express application!'
  };
  // index.ejs テンプレートをレンダリングして送信
  res.render('index', data);
});

// サーバーを起動
```

```
app.listen(3000, () => {
  console.log(`Server is listening on port 3000.`);
});
```

作成したapp.jsのコードを修正しています。EJSというテンプレートエンジンを利用するにはどのように記述すれば良いのか、詳しく説明しましょう。

テンプレートエンジンの設定

まずやるべきことは、Expressのテンプレートエンジンに EJSを設定する処理です。これは、expressオブジェクト(appのオブジェクト)のMethodを使って行います。

```
app.set('view engine', 'ejs');
```

「set」というメソッドはExpressオブジェクトに用意されているもので、Expressの設定を変更するのに使います。これは引数に設定の項目名と設定する値を用意します。

ここでは、'view engine'という設定項目を変更していますね。これは、テンプレートエンジンを指定するもので、ここに'ejs'と値を設定することで、EJSをテンプレートエンジンとして使うようになります。

テンプレートを使ってレンダリングする

続いて、EJSのテンプレートを使って表示を行うように、app.getメソッドを修正しています。今回は、まずテンプレートで使う値をオブジェクトにまとめたものを以下のように用意していますね。

```
const data = {
  title: 'My Express App',
  message: 'Welcome to my Express application!'
};
```

titleとmessageという2つの値を持ったオブジェクトを作成しました。このように用意したオブジェクトをテンプレートに渡して利用します。この後にある文を見てください。

```
res.render('index', data);
```

Responseオブジェクトにある「render」というメソッドが、テンプレートをレンダリングしてWebページのコードを生成するためのものです。これは第1引数にテンプレート名を、そして第2引数にテンプレートに渡す値をまとめたオブジェクトをそれぞれ用意します。

ここでは、'index'という名前のテンプレートに定数dataを渡してページを生成し、表示するようにしていたのですね。

テンプレートファイルの作成

コードが修正できたら、いよいよテンプレートファイルを作成します。これは、AIが生成した応答では以下のように記述されていました。

リスト7-18 応答(続き)

3. EJSテンプレートの作成:

Expressのビュー(views)ディレクトリにEJSテンプレートを作成します。通常、Expressでは `views` ディレクトリにテンプレートを配置します。たとえば、`views` ディレクトリ内に `index.ejs` を作成します。

```
<!-- index.ejs -->
<!DOCTYPE html>
<html lang="en">
<head>
  <meta charset="UTF-8">
  <meta name="viewport" content="width=device-width, initial-scale=1.0">
  <title><%= title %></title>
</head>
<body>
  <h1><%= title %></h1>
  <p><%= message %></p>
</body>
</html>
```

EJSテンプレート内で `<%= message %>` という形式でJavaScriptの変数を表示できます。

これで、ExpressアプリでEJSを利用する準備が整いました。ブラウザでアプリにアクセスすると、`Hello EJS!` というメッセージが表示されるはずです。

では、説明通りに作業していきましょう。まず「my_express_app」のフォルダー内に「views」というフォルダーを作成します。テンプレートファイルは、基本的にこのフォルダー内に用意するようになっているのです。

そしてフォルダーの中に「index.ejs」というファイルを作成します。これがテンプレートファイルになります。EJSの場合、テンプレートファイルは、「○○.ejs」というようにejsという拡張子をつけるのが基本です。

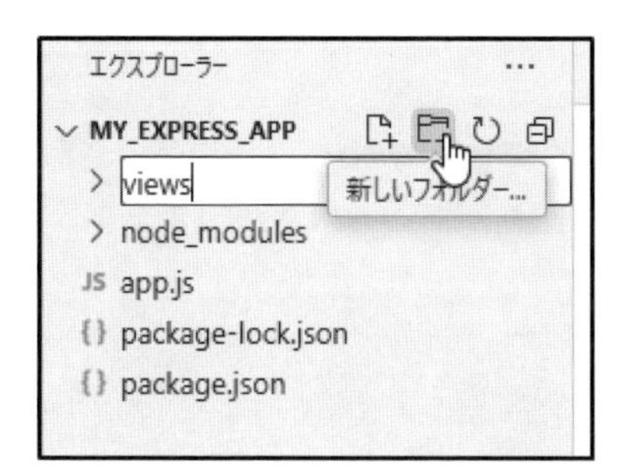

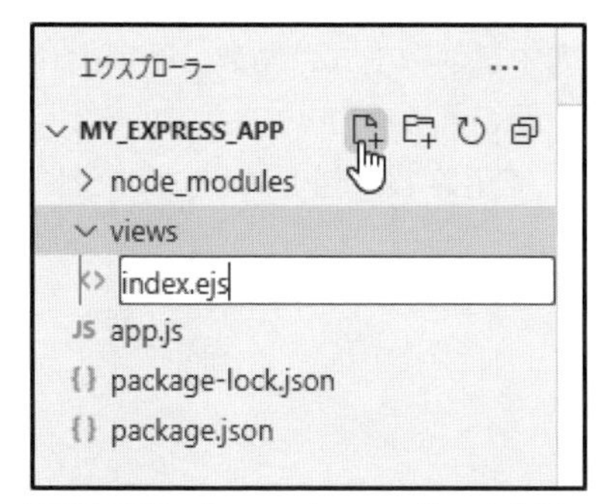

図7-11 「views」フォルダーを作り、その中に「index.ejs」ファイルを作る。

ファイルが用意できたら、応答に出力されていたソースコードを記述します。そしてファイルを保存したら、ターミナルから「node app.js」を実行して再度アプリにアクセスしましょう(app.jsを実行したままだった人は、Ctrlキー+「C」キーで中断し、改めて実行してください。

アクセスすると、index.ejsのテンプレートにオブジェクトに用意した値をはめ込んでWebページが作られ表示されます。「My Express App」というやや大きめのタイトルテキストの下に「Welcome to my Express application!」とメッセージが表示されているのが確認できるでしょう。

これらは、app.jsでrenderメソッドを実行したとき、引数に渡したdataに用意されている値でしたね。JavaScript側で用意した値が、このようにテンプレートの中に組み込まれて表示されるのがわかるでしょう。

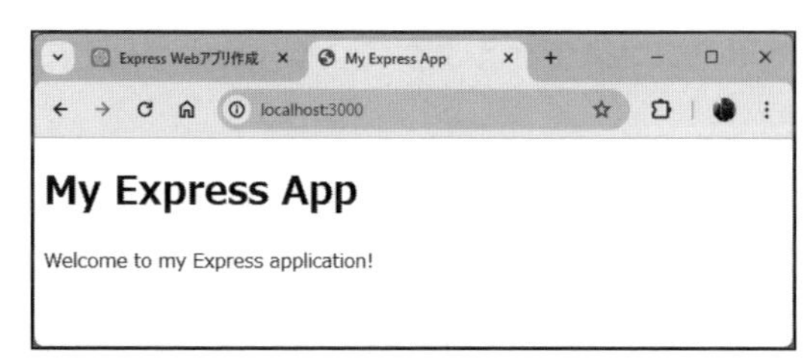

図7-12 Webアプリにアクセスしたところ。

1
2
3
4
5
6
Chapter 7

テンプレートに値を埋め込む

では、renderで渡されたオブジェクトの値がどのようにしてWebページに表示されているのでしょうか。index.ejsのコードを見ると、こんな記述があるのに気がつきます。

```
<%= title %>
<%= message %>
```

これが、dataオブジェクトのtitleとmessageを表示するためのものです。EJSには、<%= %>という特殊なタグが用意されています。この中に変数や式、関数の呼び出しなどを記述すると、その値がこのタグ部分にはめ込まれて表示されるのです。

この<%= %>を使うことで、JavaScriptのコードで用意した値をWebページに表示させることができるようになります。

公開フォルダーを使おう

これでWebページを表示させることができるようになりました。けれど、これだけだとちょっとシンプルすぎますね。先にWebアプリ作成のときにやったように、CSSファイルを用意してスタイルを細かく設定すれば、デザインされたWebページを作れるようになるでしょう。

ただし、そのためには1つ解決しないといけないことがあります。それは「CSSファイルにどうやってアクセスするか」です。

サーバープログラムでは、ルート情報(どのパスにアクセスしたらどういう処理を行うかといった情報)に基づいてアクセスの処理を行っています。普通のWebサイトのように「CSSファイルをどこかに置けば使えるようになる」というわけにはいきません。「このパスにアクセスしたらこのコンテンツをCSSのスタイル情報として出力する」といったルート処理を作らないといけないのです。これは、ちょっと面倒ですね。

そこで、今回は「公開フォルダー」というものを使うことにします。これはExpressの機能で、あるフォルダーを公開フォルダーに設定すると、そのフォルダーに入れたファイルはすべてそのままファイル名を指定するだけでアクセスできるようになる、というものです。

公開フォルダーにCSSファイルを用意する

では、公開用のフォルダーを用意しましょう。アプリのフォルダー内に「public」という名前のフォルダーを作成してください。そして、この中に「style.css」というファイルを用意しましょう。

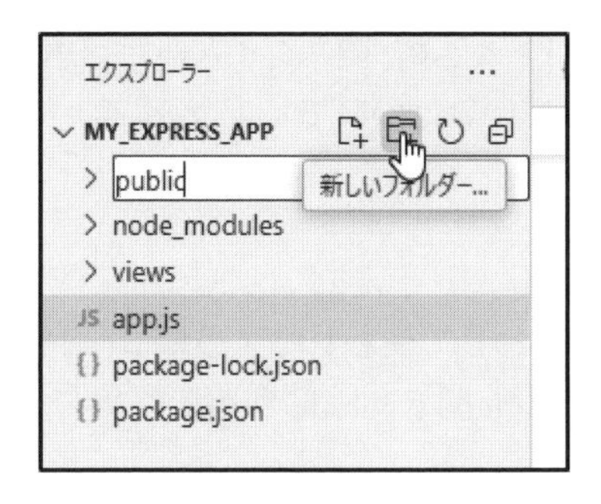

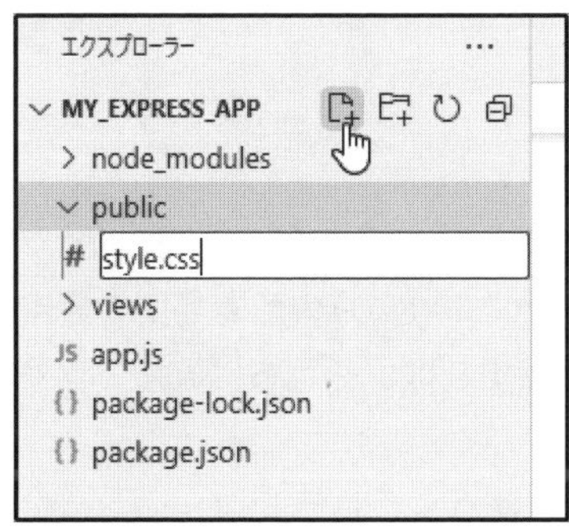

図7-13 「public」フォルダーを作り、その中に「style.css」を用意する。

ファイルが用意できたら、CSSのコードを記述しておきます。今回は、以下のようなものを用意しておきましょう。

リスト7-19

```
body {
  font-family: Arial, sans-serif;
  margin: 25px;
  padding: 0;
  background-color: #f5ffff;
}
h1 {
  font-size: 24px;
  color: #666;
  margin-bottom: 20px;
}

p {
  font-size: 16px;
  color: #666;
  line-height: 2.0;
  font-size:16px;
  margin-bottom: 20px;
}
```

とりあえずタイトルとメッセージを表示している<h1>と<p>のスタイル設定を用意しておきました。それ以外のものは、必要に応じて追記していけばいいでしょう。

「public」フォルダーを利用する

では、用意した「public」フォルダーを公開フォルダーとして使われるようにコードを修正しましょう。まず、app.jsに追記をします。ファイルを開き、EJS利用のためのapp.set ～文の下に以下の文を追記してください。

リスト7-20
```
app.use(express.static('public'));
```

expressオブジェクトの「static」は、静的ファイル(CSSファイルやJavaScriptファイル、イメージファイルなど内容が固定されていて変更されないもの)の配置場所を設定するものです。これで設定されたフォルダーにファイルを用意すれば、それらは直接アクセスできるようになります。

では、「public」フォルダーの「style.css」を読み込んで使うようにテンプレートファイルを修正しましょう。「views」フォルダーのindex.ejsを開き、<body>タグ内の適当なところに以下の文を追記してください。

リスト7-21
```
<link rel="stylesheet" href="/style.css">
```

これで、style.cssを読み込んで利用するようになります。ここでは、href="/style.css"と指定をしていますね。href="/public/style.css"にはなりません。「public」フォルダーにあるものは、"/ファイル名"というようにファイル名だけ指定すればOKです。

修正できたら、node app.jsで実行したプログラムをCtrlキー+「C」キーで中断し、再度「node app.js」を実行してください。そしてhttp://localhost:3000/にアクセスしてWebページの表示を確認しましょう。style.cssに用意したスタイル情報が適用されるのがわかるでしょう。

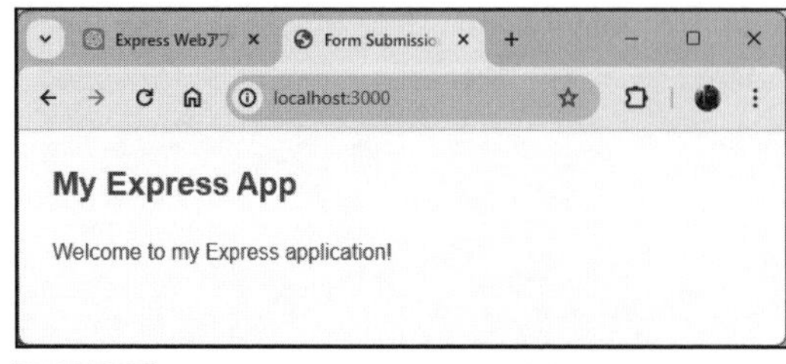

図7-14 style.cssのスタイルが設定される。

フォーム送信

Webページが普通に使えるようになったら、次は「ユーザーからの入力」を行ってみましょう。データの入力といえば、やはりフォームですね。Expressでフォームを利用する場合の処理についてAIに聞いてみましょう。

リスト7-22 プロンプト

Expressで、フォーム送信した値を受け取って表示する方法を説明して。

リスト7-23 応答

Expressでフォームから送信された値を受け取って表示する方法は以下のようになります。

1. フォームの作成：
HTMLフォームを作成し、POSTメソッドでExpressアプリに送信します。たとえば、次のようなフォームを作成します。

```
<!-- index.ejs -->
<!DOCTYPE html>
<html lang="en">
<head>
  <meta charset="UTF-8">
  <meta name="viewport"
  content="width=device-width, initial-scale=1.0">
  <title>Form Submission</title>
  <link rel="stylesheet" href="/style.css">
</head>
<body>
  <h1><%= title %></h1>
  <p><%= message %></p>
  <form action="/submit" method="POST">
    <label for="name">Name:</label>
    <input type="text" id="name" name="name">
    <button type="submit">Submit</button>
  </form>
</body>
</html>
```

このフォームでは、名前を入力するフィールドがあり、フォームが送信されると、`/submit` ルートにPOSTリクエストが送信されます。

とりあえず、ここまで見てみましょう（コードについては後ほど説明します）。ここでは、<form action="/submit" method="POST">というように<form>を用意していますね。これで、/submitに送信するフォームが作成されます。

では、実際に「public」フォルダーにあるindex.ejsを開いて、AIが出力してくれたコードに書き換えましょう。<head>内にある<title>のテキストを変更し、<body> ~ </body>内に、<form> ~ </form>というものを追記しています。既に書いてあるコードをそのままに、<form> ~ </form>の部分だけ書き加えればOKです。

フォームには、<input type="text">の入力フィールドと、<button>の送信ボタンが用意されています。非常にシンプルなフォームですね。

では、追加したフォーム関係のスタイルも用意しておきましょう。「public」フォルダー内のstyle.cssを開き、以下のスタイル情報を追記してください。

リスト7-24

```
input  {
  width: 300px;
  padding: 10px;
  border: 1px solid #ccc;
  border-radius: 4px;
  font-size: 16px;
  margin-bottom: 20px;
}

button {
  background-color: #007bff;
  color: #fff;
  border: none;
  border-radius: 4px;
  padding: 10px 20px;
  font-size: 16px;
  cursor: pointer;
}
```

これで、<input>と<button>のスタイルを設定しました。これでWebページ側の準備は完了です。後は、送信されたフォームの処理を作成するだけです。

送信フォームの処理

では、先ほどの応答の続きを見てみましょう。フォームを利用するJavaScriptのコードが以下のように出力されていました。

リスト7-25 応答(続き)

2. ExpressアプリでPOSTリクエストを処理する:

Expressアプリのエントリーポイントである `app.js` などで、POSTリクエストを受け取るためのルートハンドラーを作成します。

```
const express = require('express');
const app = express();

// EJSを使うための設定
app.set('view engine', 'ejs');
// ボディパーサーの設定
app.use(express.urlencoded({ extended: true }));

// publicフォルダーを使うための設定
app.use(express.static('public'));

// ホームページを表示するルートハンドラー
app.get('/', (req, res) => {
  const data = {
    title: 'My Express App',
    message: '名前を入力: '
  };
  res.render('index', data);
});

// フォームを受け取るルートハンドラー
app.post('/submit', (req, res) => {
    const name = req.body.name; // フォームから名前を取得
    const data = {
      title: 'My Express App',
      message: `こんにちは、${name}さん!`
    };
    res.render('index', data);
});

// サーバーを起動
app.listen(3000, () => {
    console.log('Server is listening on port 3000');
});
```

ここで、`/submit` ルートにPOSTリクエストが送信されたときに、送信された名前を取得し、それをレスポンスとして返します。

とりあえず、コードの内容は脇において、コードの修正を行いましょう。そして記述できたら、コードを実行して試してみましょう。アクセスするとフォームが表示されるので、名前を書いてボタンをクリックしてください。フォームが送信され、「こんにちは、○○さん!」というメッセージが表示されます。

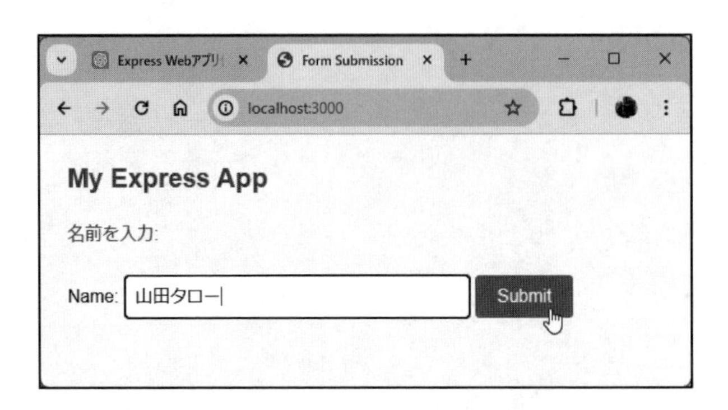

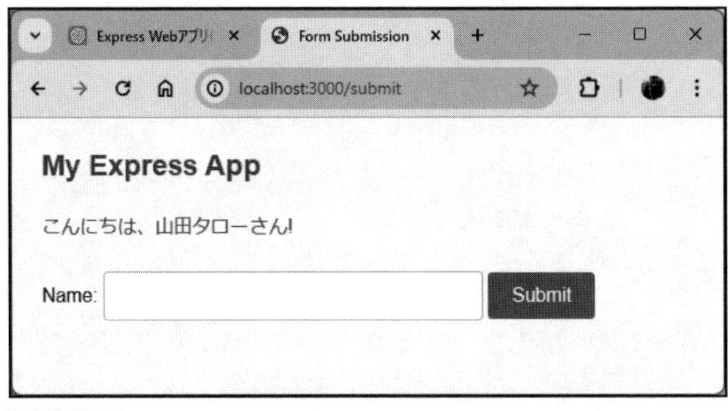

図7-15 名前を書いて送信するとメッセージが表示される。

POSTされたフォームの処理

では、フォーム送信の処理を見てみましょう。送信されたフォームの処理は、以下のような形で作成されています。

```
app.post('/submit', (req, res) => {……略……});
```

フォームは、通常のWebアクセスで使われるGETではなく、POSTメソッドという方式で送信されます。<form>にmethod="POST"と属性を指定したのを思い出してください。これは、POSTメソッドを使って送ることを示しています。

このPOSTメソッドによるアクセスを処理するのが、expressオブジェクトの「post」です。使い方はgetと同じで、割り当てるパスと関数をそれぞれ引数に指定します。

送信されたフォームの取得

このpostの関数で行っている処理を見てみましょう。まず最初に行うのは、送信されたフォームの値を取り出す作業です。

```
const name = req.body.name;
```

req (Requestオブジェクト)には「body」というプロパティがあります。この中に、送信されたフォームの内容が保管されています。フォームの値は、それぞれname属性の名前で用意されています。フォームに用意した<input type="text">では、name="name"と属性を指定していましたね。これにより、この<input type="text">の値はreq.body.nameに保管されます。この値を取り出して利用すれば良いのです。

フォームの値が得られれば、後は簡単です。テンプレートで利用するtitleとmessageの値をオブジェクトにまとめ、これを使ってrenderを実行すれば良いのです。

```
const data = {
  title: 'My Express App',
  message: `こんにちは、${name}さん!`
};
res.render('index', data);
```

これで、dataに用意した値でWebページが作成され、「こんにちは、○○さん!」というメッセージが表示されるようになります。

7-3 Section メッセージボードを作ろう

簡易メッセージボードについて

これで、フォームを使った簡単なプログラムぐらいは作れるようになりました。では、実際に簡単なアプリを作ってみることにしましょう。

作成するのは、メッセージを投稿して表示する簡単なメッセージボードです。本格的なものになると作るのも大変ですが、今回は名前とメッセージを送信したらそれを配列に入れて保管する、シンプルな構造のものを考えてみます。

では、プロンプトを作成しましょう。今回はきちんと仕様を決めてAIにお願いすることにします。

リスト7-26 プロンプト

Expressを使って、シンプルなメッセージボードを作成してください。仕様は以下の通りです。

- 用意するWebページは1つだけ。このページ内ですべて完結する。
- Webページにはユーザー名とメッセージを送信するフォームがあり、その下にそれまで送信されたメッセージが新しいものから順にリスト表示される。
- 表示されるメッセージのリストには、メッセージのテキストの後に(ユーザー名)という形で名前をつける。
- 送信されたメッセージの管理は、グローバル変数を使う。変数に配列としてメッセージとユーザー名を保管し、これをもとにメッセージの表示などを行う。
- メッセージの表示は20個。これを超えたら古いものから削除する。
- Webページの表示にはEJSを使い、テンプレートファイルはindex.ejsというファイルを作成して利用する。
- スタイル関係は「public」フォルダーにstyle.cssというファイルを用意し、これを読み込んで利用する。
- メインプログラムはapp.jsというファイルとして作成する。
- Expressのアプリ本体は既に用意されており、使用するファイル(app.js、/public/style.css、/views/index.ejs)のコードのみ生成する。

メッセージボードのようにいろいろなプログラムが考えられるようなアプリの場合、コード生成は極力正確な仕様を指定する必要があります。仕様を指定しないと、こちらが考えていなかったようなものが作られることもよくあります。

また、JavaScriptのコードだけでテンプレートファイルのコードが生成されないなど、生成コードが不完全な形になることもよくあります。きちんと動作するコードを作るためにも、極力正確な仕様を用意しましょう。

生成されたアプリ

では、AIが生成したメッセージボードについて説明しましょう。といっても、実は生成されたコードには細かな不具合がいくつもあったため、ここで掲載するのは、生成コードを元にある程度手を加えて完成させたものになります。

今回のメッセージボードは、アクセスすると名前とメッセージを入力するフォームが表示されます。ここにそれぞれを記入して送信すると、そのメッセージがサーバーに送られます。フォームの下には、送信されたメッセージが一覧リストで表示されます。

サーバー側では、送られてきたメッセージと名前を配列に追加して管理します。メッセージは最大20個まで保管され、それより多くなると古いものから削除されます。

図7-16　メッセージボード。メッセージを送信するフォームと保管されているメッセージの一覧が表示されている。

メッセージボードのソースコード

では、コードを掲載しましょう。まずはJavaScriptのコードからです。app.jsの内容を以下のように書き換えてください。

リスト7-27

```
const express = require('express');
const bodyParser = require('body-parser');
const app = express();

// グローバル変数としてメッセージを保持する配列
let messages = [];

// EJSをテンプレートエンジンとして設定
app.set('view engine', 'ejs');

// publicフォルダーを静的ファイルの場所として指定
app.use(express.static(__dirname + '/public'));

// ボディパーサーの設定
app.use(bodyParser.urlencoded({ extended: true }));

// メッセージボードのホームページを表示するルート
app.get('/', (req, res) => {
  res.render('index', { messages: messages });
});

// メッセージを送信するルート
app.post('/send', (req, res) => {
  const username = req.body.username;
  const message = req.body.message;

  // メッセージの追加
  messages.unshift({ text: message, username: username });

  // メッセージの数が20を超えた場合、古いメッセージを削除
  if (messages.length > 20) {
    messages = messages.slice(0, 20);
  }

  res.redirect('/');
});
```

```
// サーバーを起動する
const PORT = process.env.PORT || 3000;
app.listen(PORT, () => console.log(`Server started on port ${PORT}`));
```

コードの内容をチェックする

では、コードの内容をチェックしましょう。ここでは、送信されたメッセージは変数に保管されます。以下がそのためのものです。

```
let messages = [];
```

このmessagesに配列としてメッセージをまとめて保管します。Webページにアクセスすると、以下のようにmessagesの値をテンプレートに渡すようにしてあります。

```
app.get('/', (req, res) => {
  res.render('index', { messages: messages });
});
```

テンプレート側で、messagesから順にメッセージを取り出して表示するようにしておけば、これでメッセージを保管し表示することができますね。

今回のポイントは、フォーム送信されたときの処理でしょう。これは以下のところで定義されています。

```
app.post('/send', (req, res) => {……
```

app.postで、/sendにPOST送信されたときの処理を行っています。ここでは、まず送信された名前とメッセージの値を取り出します。

```
const username = req.body.username;
const message = req.body.message;
```

そして、これらをオブジェクトにまとめ、messagesの配列の冒頭に追加します。

```
messages.unshift({ text: message, username: username });
```

textとusernameという値を持ったオブジェクトをmessagesに追加していますね。これで、フォーム送信されるたびにメッセージと名前がmessagesに追加されるようになります。

ただし、追加しっぱなしだとどんどんデータが増えていくので、20個を超えたら古いメッセージから削除することにします。

```
if (messages.length > 20) {
  messages = messages.slice(0, 20);
}
```

messages.lengthというのは、messages配列の項目数です。これが20より大きくなったら、messagesの「slice」というものを実行しています。sliceは、配列の指定の部分だけを抜き出すためのものです。(0, 20)とすることで、インデックス番号がゼロから20の手前までを取り出しています。これにより、最初から20個だけ取り出した配列がmessagesに再代入されます。

これでメッセージの追加処理は完了しました。後は、再びトップページに戻ってWebページを表示するだけです。

```
res.redirect('/');
```

「redirect」というメソッドは、指定したページにリダイレクトするものです。これにより、/sendにアクセスしたら最後にトップページに戻るようになります。

テンプレートファイルの作成

JavaScriptのコードが完成したら、後はテンプレート関係を用意するだけです。「views」フォルダーの「index.ejs」の内容を以下に書き換えましょう。

リスト7-28

```
<!DOCTYPE html>
<html lang="en">
<head>
  <meta charset="UTF-8">
  <meta name="viewport"
  content="width=device-width, initial-scale=1.0">
  <title>Simple Message Board</title>
  <link rel="stylesheet" href="/style.css">
</head>
<body>
  <h1>Simple Message Board</h1>
```

```
    <!-- メッセージ送信フォーム -->
    <form action="/send" method="POST">
      <input type="text" name="username" placeholder="Your Name" required>
      <textarea name="message"
      placeholder="Enter your message here..." required></textarea>
      <button type="submit">Send</button>
    </form>

    <!-- メッセージリスト -->
    <ul id="messages">
      <% for(let message of messages) { %>
        <li><%= message.text %> (<%= message.username %>)</li>
      <% } %>
    </ul>
  </body>
</html>
```

フォームの内容

ここでは、まずフォーム関係の表示が用意されていますね。<form action="/send" method="POST">で、/sendにPOST送信するように設定しています。その中では、以下の2つの入力項目が用意されています。

```
<input type="text" name="username" ……/>
<textarea name="message" ……></textarea>
```

nameで"username"と"message"という名前で項目を用意しています。これらは、そのままフォーム送信されたらreq.body.usernameとreq.body.messageで値が取り出せるようになります。

リストでメッセージを表示する

フォームの下には、メッセージをリスト表示するための記述があります。リストの表示は、以下のように行います。

```
<ul id="messages">
  ……項目……
</ul>
```

これで、中に<li>という要素で項目を記述していけば良いのですね。ここでは、app.jsから渡されたmessages配列を繰り返し構文で出力しています。繰り返し表示は、以下のような形で記述されています。

```
<% for(let message of messages) { %>
  ……繰り返し表示する内容……
<% } %>
```

messagesから順に項目を取り出し、変数messageに代入します。for(let message of messages)というのは、JavaScriptのコードそのままですね。こんな具合に、EJSのテンプレートでは、JavaScriptのコードをそのまま実行することができます。それを行っているのが<% %>という特殊なタグです。

```
<% ……コード…… %>
```

このように記述すると、<%と%>の間に挟んだJavaScriptのコードをNode.jsで実行し、その実行結果をここに表示します。ここでは、for構文の{と}が<% %>で記述されており、その間の部分に以下のような文が記述されていますね。

```
<li><%= message.text %> (<%= message.username %>)</li>
```

これでmessageからメッセージと名前の値を取り出して<%= %>で表示するようになりました。forで繰り返しこの文が出力されるため、messagesの要素の数だけ項目が表示されるようになるのです。

CSSファイルの作成

最後にCSSファイルを記述します。「public」フォルダー内のstyle.cssを開いて、中のコードを以下のように記述しましょう。

リスト7-29

```
body {
  font-family: Arial, sans-serif;
  margin: 25px;
  padding: 0;
  background-color: #f5ffff;
}
h1 {
  font-size: 24px;
  color: #666;
  margin-bottom: 20px;
}

p {
  font-size: 16px;
```

```
  color: #666;
  line-height: 2.0;
  font-size:16px;
  margin-bottom: 20px;
}

input  {
  width: 200px;
  padding: 10px;
  border: 1px solid #ccc;
  border-radius: 4px;
  font-size: 16px;
  margin-bottom: 20px;
}

button {
  background-color: #007bff;
  color: #fff;
  border: none;
  border-radius: 4px;
  padding: 10px 20px;
  font-size: 16px;
  cursor: pointer;
}

textarea {
  width: 100%;
  padding: 10px 0px;
  border: 1px solid #ccc;
  border-radius: 4px;
  font-size: 16px;
  margin-bottom: 20px;
}

ul {
  list-style-type: none;
  padding: 0;
}

li {
  padding: 10px;
  border-bottom: 1px solid #ddd;
}

li:last-child {
```

```
  border-bottom: none;
}
```

これで完成です。全体のコードはだいぶ長くなりましたが、HTML（EJS）ファイル、CSSファイル、JavaScriptのコードだけで完成しました。Webアプリでも、1ページだけのシンプルなものなら、こんな具合にシンプルなファイル構成で作ることができます。

以上、ごく単純なものですが、Expressを使ったWebアプリを作成してみました。まだほんの初歩的なものしか作っていませんが、サーバープログラムの開発がどんなものか少しわかってきたのではないでしょうか。

Expressは本格的なWebアプリにも使われているフレームワークですので、本気で使おうと思ったならまだまだ学ばないといけないことがたくさんあります。これより先は、Expressの入門書などを使ってそれぞれで学習を進めていってください。

Node.jsとExpressは奥が深い！

Node.jsやExpressには、よくできた入門書がたくさん出ています。しかし、それらを読めばすべてわかり、何でも作れるようになるわけではありません。読んだだけでは理解できないこともあるでしょうし、覚えた機能が一体何に使えるのかわからない、ということもあるでしょう。

そんなとき、どうすればいいのか？ そう、そんなときこそ、AIの出番なのです。

AIは、「いつでも呼べば答えてくれる、便利な相棒」です。現状では、AIがプログラミングを教えてくれるわけではありませんが、プログラミングを学ぶときのサポートなら十分に応えてくれます。入門書や入門サイトなどを使って学びながら、何かちょっとでもわからないことがあれば、すぐにAIに質問しましょう。

「わからなかったらすぐに質問する」
「学んだことは必ずサンプルで確認する」
「作ったコードはすべて詳しく説明してもらう」

これを常に心がけてAIを活用してください。そうすれば、自分ひとりで学習するよりも、おそらくは数倍のスピードでプログラミングを習得していけるはずです。では、頑張って！

Index

索 引

記号

A

B

C

D

E

F

G

あ行

か行

さ行

た行

は行

ま行

ら行

著者紹介

掌田 津耶乃（しょうだ　つやの）

日本初のMac専門月刊誌「Mac+」の頃から主にMac系雑誌に寄稿する。ハイパーカードの登場により「ビギナーのためのプログラミング」に開眼。以後、Mac、Windows、Web、Android、iPhoneとあらゆるプラットフォームのプログラミングビギナーに向けた書籍を執筆し続ける。

■近著

「Google AI Studio超入門」（秀和システム）
「ChatGPTで身につけるPython」（マイナビ出版）
「AIプラットフォームとライブラリによる生成AIプログラミング」（ラトルズ）
「Amazon Bedrock超入門」（秀和システム）
「Next.js超入門」（秀和システム）
「Google Vertex AIによるアプリケーション開発」（ラトルズ）
「プログラミング知識ゼロでもわかるプロンプトエンジニアリング入門」（秀和システム）

●著書一覧

http://www.amazon.co.jp/-/e/B004L5AED8/

●ご意見・ご感想の送り先

syoda@tuyano.com

ChatGPTで学ぶ
JavaScript&アプリ開発

発行日　2024年　7月29日　第1版第1刷

著　者　掌田　津耶乃

発行者　斉藤　和邦
発行所　株式会社　秀和システム
〒135-0016
東京都江東区東陽2-4-2　新宮ビル2F
Tel 03-6264-3105（販売）Fax 03-6264-3094
印刷所　日経印刷株式会社

ISBN978-4-7980-7268-5 C3055